教科書要点

要点

ズバっ

新しい 科学

2年

JN012646

東京書籍

この本の構成と特色

この本は，東京書籍版教科書「新しい科学2年」に完全に対応した要点まとめ本です。教科書の内容が要領よくまとめられていますので，定期テストの直前対策や，授業の予習や復習の際に，効率的に学習することができます。

 要点： 教科書の学習内容をわかりやすくまとめました。重要語句を中心に取り上げているので，学習のポイントが明確になります。

図解でチェック！ 図で覚えたり考えたりするとわかりやすいところは，図でくわしく解説しました。

最重要 必ず理解しておきたい内容。　　**注** 注意することやまちがえやすいところ。

 一問一答形式で，学習内容が身についているか確認ができます。□をチェックして，できなかったところはテスト前にもう一度確認しておきましょう。

これが出る！ 定期テスト対策 定期テストで出題される可能性の高いところを，問題形式にしました。テスト前に挑戦して，まちがえたところは「要点」や「一問一答check!」で確認しておきましょう。

 単元ごとに重要語句をまとめて，わかりやすく説明をしています。単元全体の学習内容を整理することができ，入試に対応した力もつきます。

暗記用フィルターの使い方

暗記してほしい大切な項目や問題の答えは，フィルターを上にのせると見えなくなるように赤色にしてあります。

単元1 化学変化と原子・分子

第1章　物質のなり立ち ── 4
　1　ホットケーキの秘密 ── 4
　2　水の分解 ── 5
　3　物質をつくっているもの ── 6
　4　分子と化学式 ── 9
　5　単体と化合物・物質の分類 ── 10

第2章　物質どうしの化学変化 ── 17
　1　異なる物質の結びつき ── 17
　2　化学変化を化学式で表す ── 19

第3章　酸素がかかわる化学変化 ── 23
　1　物が燃える変化 ── 23
　2　酸化物から酸素をとる化学変化 ── 25

第4章　化学変化と物質の質量 ── 26
　1　化学変化と質量の変化 ── 26
　2　物質と物質が結びつくときの物質の割合 ── 27

第5章　化学変化とその利用 ── 34
　1　化学変化と熱 ── 34

単元1のキーワード ── 36

単元2 生物のからだのつくりとはたらき

第1章　生物と細胞 ── 38
　1　水中の小さな生物 ── 38
　2　植物の細胞 ── 39
　3　動物の細胞 ── 40
　4　生物のからだと細胞 ── 42

第2章　植物のからだのつくりとはたらき ── 47
　1　葉と光合成 ── 47
　2　光合成に必要なもの ── 48
　3　植物と呼吸 ── 49
　4　植物と水 ── 50
　5　水の通り道 ── 51

第3章　動物のからだのつくりとはたらき ── 58
　1　消化のしくみ ── 58
　2　吸収のしくみ ── 60
　3　呼吸のはたらき ── 62
　4　血液のはたらき ── 63
　5　排出のしくみ ── 65

第4章　刺激と反応 ── 69
　1　刺激と反応 ── 69
　2　神経のはたらき ── 70
　3　骨と筋肉のはたらき ── 72
単元2のキーワード ── 77

単元3 天気とその変化

第1章　気象の観測 ── 80
　1　気象の観測 ── 80
　2　大気圧と圧力 ── 82
　3　気圧と風 ── 85
　4　水蒸気の変化と湿度 ── 86

第2章　雲のでき方と前線 ── 93
　1　雲のでき方 ── 93
　2　気団と前線 ── 95

第3章　大気の動きと日本の天気 ── 102
　1　大気の動きと天気の変化 ── 102
　2　日本の天気と季節風 ── 103
　3　日本の天気の特徴 ── 104
　4　天気の変化の予測 ── 105
　5　気象現象がもたらすめぐみと災害 ── 106
単元3のキーワード ── 109

単元4 電気の世界

第1章　静電気と電流 ── 111
　1　静電気と放電 ── 111
　2　電流の正体 ── 112
　3　放射線の性質と利用 ── 114

第2章　電流の性質 ── 119
　1　電気の利用 ── 119
　2　回路に流れる電流 ── 120
　3　回路に加わる電圧 ── 122
　4　電圧と電流と抵抗 ── 127
　5　電気エネルギー ── 129

第3章　電流と磁界 ── 134
　1　電流がつくる磁界 ── 134
　2　モーターのしくみ ── 136
　3　発電機のしくみ ── 137
　4　直流と交流 ── 138
単元4のキーワード ── 142

第1章 物質のなり立ち

単元1 化学変化と原子・分子

1 ホットケーキの秘密

教 p.16～p.21

実験1 炭酸水素ナトリウムを熱して，その変化のようすを調べた。

・・・・・・・・・ 図解でチェック！ ・・・・・・・・・

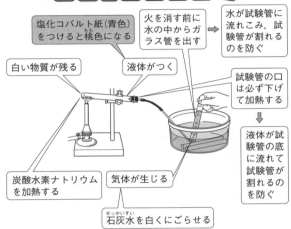

塩化コバルト紙(青色)をつけると桃色になる

火を消す前に水の中からガラス管を出す

水が試験管に流れこみ，試験管が割れるのを防ぐ

白い物質が残る

液体がつく

試験管の口は必ず下げて加熱する

液体が試験管の底に流れて試験管が割れるのを防ぐ

炭酸水素ナトリウムを加熱する

気体が生じる

石灰水を白くにごらせる

結論 3種類の物質に分かれる。

▶白い物質…炭酸ナトリウム　　▶気体…二酸化炭素　　▶液体…水

■ 酸化銀を加熱したときの変化

酸化銀 → 銀（金属光沢） + 酸素

■ 化学変化と分解

要点

● **化学変化**（化学反応）　もとの物質とちがう物質ができる変化。
● **分解**　1種類の物質が2種類以上の別の物質に分かれる化学変化。
（加熱による分解を**熱分解**という）

4

② 水の分解

実験2　水に電流を流して，発生する気体を調べた。

・・・・・・・・・・ 図解でチェック！ ・・・・・・・・・・

H形ガラス管電気分解装置

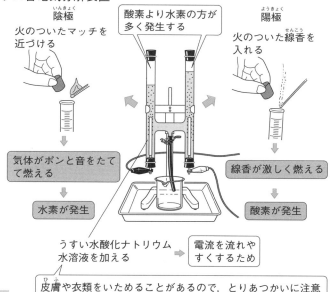

陰極

火のついたマッチを
近づける

酸素より水素の方が
多く発生する

陽極

火のついた線香を
入れる

気体がポンと音をたて
て燃える

↓

水素が発生

線香が激しく燃える

↓

酸素が発生

うすい水酸化ナトリウム
水溶液を加える

➡

電流を流れや
すくするため

皮膚や衣類をいためることがあるので，とりあつかいに注意

結　論

▶水を電気分解すると，陰極から水素，陽極から酸素が発生する。

■ 電気分解

- **電気分解**　物質に電流を流して分解すること。

- 物質を分解していくと，それ以上分解できない物質になる。

　例　酸素，水素，銀 など

■ 原子

● **原子** 物質をつくっている，それ以上分割することができない小さな粒子。 ⇨ ドルトンの原子説
● 全ての物質は，原子という小さな粒子からできている。

原子の性質

①化学変化によって，それ以上分割することができない。

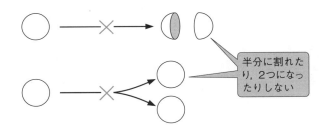

半分に割れたり，2つになったりしない

②原子の種類によって，質量や大きさが決まっている。

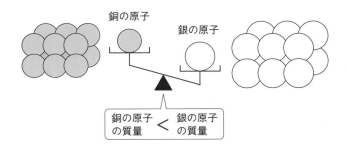

銅の原子

銀の原子

銅の原子の質量 ＜ 銀の原子の質量

③化学変化によって，原子がほかの種類の原子に変わったり，なくなったり，新しくできたりすることはない。

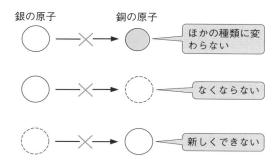

●原子の大きさ　1cmの1億分の1程度。大きさは非常に小さいが，質量をもっている。

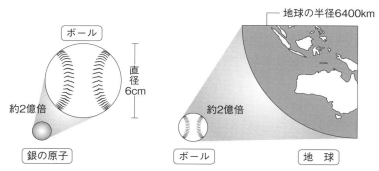

・銀の原子とボールの大きさの比は，ボールと地球の大きさの比とほぼ同じになる。

●**元素** 現在確認されている118の原子の種類。

●**元素記号** アルファベットの1文字，または2文字からなる記号で原子の種類を表す。

●**元素の周期表** 元素を原子番号の順に並べて，原子の性質を整理した表。縦の列に化学的性質がよく似た元素が並ぶように配置されている。

元素記号

非　金　属	
元素	元素記号
水素	H
ヘリウム	He
炭素	C
窒素	N
酸素	O
硫黄	S
塩素	Cl
ケイ素	Si

▶元素記号は，原子の種類を表すとともに，その原子が1個であることも表す。

金　属	
元素	元素記号
ナトリウム	Na
マグネシウム	Mg
アルミニウム	Al
カリウム	K
カルシウム	Ca
鉄	Fe
銅	Cu
亜鉛	Zn
銀	Ag
バリウム	Ba
金	Au

元素記号の書き方・読み方

書き方

1文字目は活字体の大文字で書く

H

Fe

2文字目は小文字で書く

読み方

英語のアルファベットの読みどおり，それぞれ「エイチ」「エフ，イー」と読む

4 分子と化学式

> **要点**
>
> ● **分子** いくつかの原子が結びついてできていて，**物質の性質を示す最小単位の粒子**。それぞれの分子は，決まった種類と数の原子が結びついている。
> ● **化学式** 物質を元素記号で表したもの。分子の化学式は，元素記号と数字で表す。

分子のモデル

・酸素分子

| 酸素原子が 2 個 |

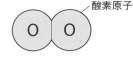
酸素原子

・水素分子

| 水素原子が 2 個 |

水素原子

・水分子

| 酸素原子1個と水素原子2個 |

・二酸化炭素分子

| 炭素原子1個と酸素原子2個 |

炭素原子

・窒素分子

| 窒素原子が 2 個 |

窒素原子

・アンモニア分子

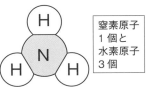

| 窒素原子 1 個と 水素原子 3 個 |

9

▶分子をつくる物質を化学式で表す

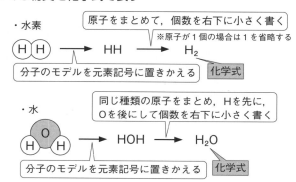

・水素

H H ⟶ HH ⟶ H₂

原子をまとめて，個数を右下に小さく書く
※原子が1個の場合は1を省略する

分子のモデルを元素記号に置きかえる　化学式

・水

H O H ⟶ HOH ⟶ H₂O

同じ種類の原子をまとめ，Hを先に，
Oを後にして個数を右下に小さく書く

分子のモデルを元素記号に置きかえる　化学式

---

5 単体と化合物・物質の分類

教 p.32～p.34

■ 単体と化合物

要点

● **単体**　1種類の元素からできている物質。
● **化合物**　2種類以上の元素からできている物質。

▶分子をつくらない物質を化学式で表す

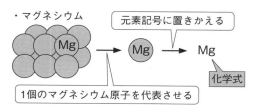

・マグネシウム

Mg ⟶ Mg ⟶ Mg

元素記号に置きかえる

1個のマグネシウム原子を代表させる

化学式

・塩化ナトリウム

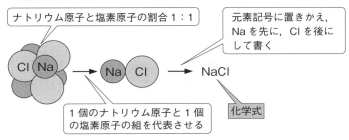

ナトリウム原子と塩素原子の割合1：1

元素記号に置きかえ，Na を先に，Cl を後にして書く

1個のナトリウム原子と1個の塩素原子の組を代表させる

NaCl

化学式

■ 物質の分類

要点

● 物質
- 純粋な物質（じゅんすい）
  - 単体……1種類の元素からできているもの
  - 化合物…2種類以上の元素からできているもの
- 混合物（こんごうぶつ）……2種類以上の物質が混じり合ったもの

例
- 単体　分子であるもの……O_2，H_2
  　　　分子でないもの……Cu，Mg
- 化合物　分子であるもの……CO_2，H_2O
  　　　　分子でないもの……NaCl，CuO
- 混合物　食塩水（NaClとH_2O）

注　分子であるかないかは物質によって決まっており，化学式からは判断できない。

■ 単体と元素

要点

● 単体　実際に存在する物質そのもの。
● 元素　物質をつくっている原子の種類。

□炭酸水素ナトリウムを加熱した後に残る白い固体は何か。 炭酸ナトリウム

□炭酸水素ナトリウムを加熱すると生じる液体は何か。 水

□炭酸水素ナトリウムを加熱すると発生する気体は何か。 二酸化炭素

□フェノールフタレイン溶液を炭酸ナトリウム水溶液に加えると何色になるか。 赤色

□青色の塩化コバルト紙に水をつけると何色になるか。 桃色

□石灰水に二酸化炭素を通すと石灰水はどのように変化するか。 白くにごる

□カルメ焼きやホットケーキがふくらむのは，中にどんな物質がふくまれているからか。 炭酸水素ナトリウム（重そう）

□酸化銀を加熱すると発生する気体は何か。 酸素

□1種類の物質が2種類以上の別の物質に分かれる変化を何というか。 分解

□分解のように，もとの物質とはちがう物質ができるような変化を何というか。 化学変化（化学反応）

□加熱による分解を何というか。 熱分解

□電流を流すことによって，物質を分解することを何というか。 電気分解

□水を電気分解するときに水酸化ナトリウム水溶液を加えるのはなぜか。 電流を流しやすくするため

□右の電気分解装置のa～cの名称は何か。 a…H形ガラス管
b…スタンド
c…ピンチコック

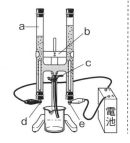

□右の電気分解装置で，陽極はd，eのどちらか。 e

12

□水を電気分解したときに，陽極から発生する気体は何か。	酸素
□水を電気分解したときに，陰極から発生する気体は何か。	水素
□水を電気分解したときに，発生する水素と酸素の体積は，どちらが多いか。	水素
□水は熱することで分解できるか。	できない
□水素はほかの物質に分解することができるか。	できない
□炭酸水素ナトリウムはほかの物質に分解することができるか。	できる
□物質をつくっている，それ以上分割することができない小さな粒子を何というか。	原子
□物質はそれ以上分けることのできない粒子からできているという説をとなえた人物はだれか。	ドルトン
□銀の原子と銅の原子の質量は同じであるといえるか。	いえない
□銀の原子と銅の原子の大きさは同じであるといえるか。	いえない
□原子はほかの種類の原子に変わるか，変わらないか。	変わらない
□原子は何もないところから新しくできることがあるか。	ない
□原子1個の大きさは，およそどれくらいか。	1 cmの1億分の1
□現在までに，何種類の元素が発見されているか。	118種類
□アルファベットの1文字，または2文字で元素を表したものを何というか。	元素記号
□カルシウムの元素記号は何か。	Ca
□硫黄^{いおう}の元素記号は何か。	S
□元素記号がHで表される元素の名前は何か。	水素
□元素記号がAgで表される元素の名前は何か。	銀
□元素記号がNで表される元素の名前は何か。	窒素
□元素を原子番号順に並べて，元素の性質を整理した表を何というか。	元素の周期表
□いくつかの原子が結びついてできていて，物質の性質を示す最小単位の粒子を何というか。	分子
□酸素分子は，酸素原子がいくつ結びついてできているか。	2個

□二酸化炭素分子は，1個の炭素原子と2個の何の原子からできているか。　　　　　　　　　　　　　酸素原子

□水の電気分解で，水分子は，何の分子と何の分子になるか。　　　　　　　　　　　　　水素分子と酸素分子

□物質を元素記号で表したものを何というか。　　化学式

□酸素の化学式は何か。　　O_2

□鉄の化学式は何か。　　Fe

□CO_2の化学式で表される物質は何か。　　二酸化炭素

□CuOの化学式で表される物質は何か。　　酸化銅

□1種類の元素でできている物質を何というか。　　単体

□2種類以上の元素でできている物質を何というか。　　化合物

□右の図のA〜Cにあてはまる名称は何か。

A…混合物
B…単体
C…化合物

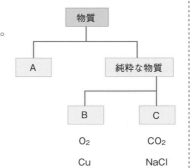

□物質が分子であるかないかは，物質によって決まっているか。　　決まっている

□物質が分子か分子でないかは，化学式から判断できるか。　　判断できない

1〔炭酸水素ナトリウムの加熱〕 右の図のように
炭酸水素ナトリウムを加熱した。

炭酸水素ナトリウム

(1) 炭酸水素ナトリウムはどんな物質に分かれ
るか。3つ答えよ。（順不同）

（　　水　　）（　二酸化炭素　）

（　炭酸ナトリウム　）

(2) 試験管の口を下げて加熱したのはなぜか。

（　発生した液体で試験管が割れるのを防ぐため　）

(3) (1)のように，1種類の物質が2種類以上の物質に分かれることを何
というか。　　　　　　　　　　　　　　　　　（　（熱）分解　）

2〔水の電気分解〕 右の図は，水酸化ナトリウム水溶液を
加えた水に電流を流して，水を電気分解しているようす
を示したものである。

(1) 水酸化ナトリウム水溶液を入れた水を用いるのはな
ぜか。　（　電流が流れやすくなるようにするため　）

(2) Aの気体に火のついた線香を近づけるとどうなるか。

（　線香が激しく燃える　）

(3) Bの気体の名称を書け。　　　　　　（　水　素　）

(4) 陽極と陰極を逆にした。このとき，Aに集まる気体は何か。　（　水　素　）

A — B

陽極　陰極

3〔原子を表す記号〕 次の問いに答えなさい。

(1) 次の①〜④の物質の元素記号を書け。

① 銀　（　Ag　）　　② 水素　（　H　）

③ 塩素　（　Cl　）　　④ 銅　（　Cu　）

(2) 次の①〜④の元素記号で表される元素の名前を書け。

① C　（　炭素　）　　② Mg　（　マグネシウム　）

③ Zn　（　亜鉛　）　　④ Ca　（　カルシウム　）

4〔分子〕 水素原子・炭素原子・酸素原子を下のようなモデルで表すものとする。
次の①～③のモデルは何の分子を表したものか。名称を答えなさい。

水素原子 (•)　　　炭素原子 ●　　　酸素原子 ○

①　○•○•○　　②　○○　　③　○●○

①（　　水　　）②（　酸素　）③（　二酸化炭素　）

5〔化学式〕 次の問いに答えなさい。

（1）次の①，②の物質を化学式で表せ。

①　鉄　（　　Fe　　）　　②　水素　（　　H_2　　）

（2）次の①，②の化学式で表される物質は何か。

①　CO_2（　二酸化炭素　）　　②　N_2　（　　窒素　　）

6〔単体と化合物〕 次の物質は，それぞれ単体，化合物のどちらか。化合物については，どんな元素からできているか答えなさい。

・水　　・酸素　　・鉄　　・二酸化炭素　　・酸化銅

単　　体	化　合　物		どんな元素からできているか
（　酸　　素　）	（　　水　　）	→	（　水素，酸素　）
（　　鉄　　）	（　二酸化炭素　）	→	（　炭素，酸素　）
	（　酸　化　銅　）	→	（　銅，酸素　）

第2章 物質どうしの化学変化

1 異なる物質の結びつき

教 p.36〜p.41

実験3 鉄と硫黄を混ぜ合わせたものを熱し，そのときにできる物質の性質を調べた。

・・・・・・・・・・・・ 図解でチェック！ ・・・・・・・・・・・

①鉄粉と硫黄の粉末を混ぜ合わせる。

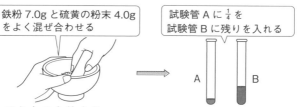

鉄粉 7.0g と硫黄の粉末 4.0g をよく混ぜ合わせる

試験管 A に $\frac{1}{4}$ を試験管 B に残りを入れる

②混ぜ合わせたものを熱する。

混合物の上部を加熱

光と熱を出して激しく反応し始めたら，熱するのをやめる

熱するのをやめても反応は続く

③熱する前と熱した後の物質を調べる。

▶色を調べる。

A 黄灰色

黒色 B

▶磁石につくか調べる。

A つく

つかない B

注 試験管の代わりに，アルミニウムはくの筒を使う方法もある。

17

		反応前	反応後
色		黄灰色	黒　色
磁石のつき方		つく	つかない
塩酸を加えたときに発生する気体	におい	においはない	腐卵臭がする
	気体名	水素	硫化水素

結　論

▶反応後にできた物質は，反応前の混合物とはちがう性質をもっている。

■ 物質どうしが結びつく化学変化

▶鉄と硫黄を混ぜて加熱すると硫化鉄になる。

鉄　＋　硫黄　➡　硫化鉄

■ 化合物

点:

● 化合物　2種類以上の物質が結びついてできた物質。

● 水素と酸素の反応　水素と酸素が反応して水になる。

| 水　素 | ＋ | 酸　素 | ➡ | 水 |

● 炭素と酸素の反応　炭素と酸素が反応して二酸化炭素になる。

| 炭　素 | ＋ | 酸　素 | ➡ | 二酸化炭素 |

注　水，硫化鉄，二酸化炭素などの化合物は，混合物ではなく，純粋な物質である。

■ 化学反応式

●**化学反応式(かがくはんのうしき)** 化学式を使って化学変化を表した式。

▶鉄と硫黄の化学変化

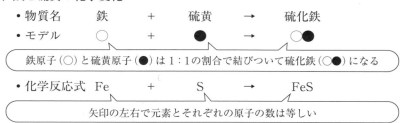

・物質名　　　鉄　　　＋　　　硫黄　　　→　　　硫化鉄

・モデル　　　○　　　＋　　　●　　　→　　　○●

　鉄原子（○）と硫黄原子（●）は1:1の割合で結びついて硫化鉄（○●）になる

・化学反応式　Fe　　　＋　　　S　　　→　　　FeS

　　　　矢印の左右で元素とそれぞれの原子の数は等しい

■ 炭素と酸素が結びつく化学変化

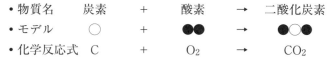

・物質名　　　炭素　　　＋　　　酸素　　　→　　　二酸化炭素

・モデル　　　○　　　＋　　　●●　　　→　　　●○●

・化学反応式　C　　　＋　　　O_2　　　→　　　CO_2

実習1 原子・分子のモデルを使って化学変化を表してみよう。

①発泡ポリスチレンの球などを使って，元素記号を用いた原子のモデルを
　つくる。

　分子で存在するものは，のりなどを使って，原子のモデルをくっつけて，
　分子のモデルをつくる。分子をつくらない物質のうち，単体は1個の原
　子のモデルでつくる。化合物は，代表した原子のモデルの組をくっつけ
　て粒子モデルをつくる。

②鉄と硫黄が結びついて硫化鉄ができるときの変化，炭素と酸素が結びつ
　いて二酸化炭素ができるときの変化，水素と酸素が結びついて水ができ
　るときの変化を，粒子モデルで表す。

■ 水素と酸素が結びつく化学変化

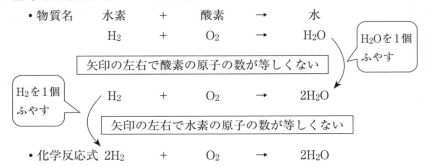

・物質名　　　水素　　　＋　　　酸素　　　→　　　　水

　　　　　　　H_2　　　＋　　　O_2　　　→　　　H_2O

H_2Oを1個ふやす

矢印の左右で酸素の原子の数が等しくない

H_2を1個ふやす

　　　　　　　H_2　　　＋　　　O_2　　　→　　　$2H_2O$

矢印の左右で水素の原子の数が等しくない

・化学反応式　$2H_2$　　　＋　　　O_2　　　→　　　$2H_2O$

■ 化学反応式からわかること

①それぞれの化学式から，反応する物質，反応してできる物質が何であるかがわかる。

　　　水素　　と　　　酸素　　が反応して，　水　　ができる。

　　$2H_2$　　＋　　　O_2　　　⟶　　　　$2H_2O$

　　水素分子2個　と　酸素分子1個　から　水分子2個　ができる。

②化学式の前後の数字から，反応する物質，反応してできる物質の分子や原子の数の関係がどうなっているかがわかる。

■ いろいろな化学反応式

　水を電気分解すると水素と酸素が発生する。

　　$2H_2O$　→　$2H_2$　＋　O_2

□2種類以上の物質が結びついてできる物質のことを何というか。	化合物
□鉄粉と硫黄の混合物を熱したときにできる物質は何か。	硫化鉄
□硫化鉄は鉄原子と硫黄原子が何対何の割合で結びついたものか。	1：1
□硫化鉄を磁石に近づけたとき，つくか，つかないか。	つかない
□鉄粉と硫黄の粉末の混合物は，磁石につくか，つかないか。	つく
□硫化鉄にうすい塩酸を加えたとき，気体は発生するか，発生しないか。	発生する
□鉄粉と硫黄の粉末の混合物にうすい塩酸を加えたとき，気体は発生するか，発生しないか。	発生する
□水素と酸素の混合気体に点火すると何ができるか。	水
□化学式を使って化学変化を表した式を何というか。	化学反応式
□化学反応式では，式の左右で何を等しくするか。	元素とそれぞれの原子の数
□鉄と硫黄が反応して硫化鉄ができる化学反応式はどのようになるか。	$Fe + S → FeS$
□炭素と酸素が反応して二酸化炭素ができる化学反応式はどのようになるか。	$C + O_2 → CO_2$
□炭素と酸素が反応するとき，炭素原子と酸素分子は何対何の割合で結びつくか。	1：1
□水素と酸素が反応して水ができる化学反応式はどのようになるか。	$2H_2 + O_2 → 2H_2O$
□水素と酸素が反応するとき，水素分子と酸素分子は何対何の割合で結びつくか。	2：1

定期テスト対策

1〔異なる物質の結びつき〕 次の式は，物質が反応するようすを表したものである。空らんに当てはまることばや原子・分子のモデルを書け。

| 水素 | + | 酸素 | → | ① | ①（ 水 ） |

鉄原子 ＋ 硫黄原子 → 硫化鉄

● ○ ② ②（ ◗○ ）

2〔鉄と硫黄が結びつく変化〕 鉄粉と硫黄の粉末をよく混ぜ合わせて2つに分け，アルミニウムはくの筒につめこんだA，Bを用意した。そして，Aは右の図のように加熱し，Bはそのままにしておいた。次の問いに答えよ。

（1）Aを熱して反応させると何という物質ができるか。

（ 硫化鉄 ）

（2）磁石を近づけたときにつくのはA，Bのどちらか。 （ B ）

（3）A，Bにうすい塩酸を加えたとき，特有のにおいをもった気体が発生するのはどちらか。 （ A ）

（4）鉄と硫黄は何対何の割合で結びつくか。 （ 1 ： 1 ）

3〔化学反応式のつくり方〕 水素と酸素が反応して水ができる反応を表す化学反応式を，下の①～③のように書いたが，どれも正しくない。①～③の式が正しくない理由を，次のア～エから1つずつ選べ。

　　ア　水の化学式がちがう。　　イ　酸素の化学式がちがう。
　　ウ　水素の化学式がちがう。　　エ　左右で原子の数が等しくない。

| ① $H_2 + O_2 \rightarrow H_2O$ |
| ② $H_2 + O \rightarrow H_2O$ |
| ③ $H_2 + O_2 \rightarrow H_2O_2$ |

　　　①（ エ ）　②（ イ ）　③（ ア ）

22

第**3**章

酸素がかかわる化学変化

1 物が燃える変化

教 p.50〜p.55

実験4　スチールウール（鉄）を燃やしてできる物質を調べた。

・・・・・・・・・・・ 図解でチェック！ ・・・・・・・・・・・

・酸素が使われているか調べる

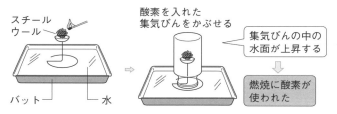

・燃やした後の物質の性質を調べる

　電流が流れにくい。磁石にはつかない。うすい塩酸に入れても反応しない。

・燃やす前後で質量を比較する

結　論　▶鉄を燃やした後にできた物質（酸化鉄）は，もとの鉄とはちがう性質をもった物質である。

■ 酸化と燃焼

● **酸化** 物質が酸素と結びつくこと。
● **酸化物** 酸化によってできた物質。
● **燃焼** 物質が熱や光を出しながら激しく酸化されること。

■ 金属の酸化

・銅 　銅　＋　酸素　──→　酸化銅

> 酸素と結びついても，光や熱を出さない。
> 酸化銅は黒色

■ 金属の燃焼

・マグネシウム

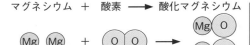

マグネシウム ＋ 酸素 ──→ 酸化マグネシウム

> 酸素と反応させると，光や熱を出す（燃焼）。
> 酸化マグネシウムは白色

■ 金属以外の物質の酸化

・炭素 　炭素　＋　酸素　──→　二酸化炭素

> 木炭や木には，炭素がふくまれているので，燃えると二酸化炭素が発生する

・水素 　水素　　＋　酸素　→　　水
　　　　 2　 ：　 1

> 水素と酸素は爆発的に反応（燃焼）する

・有機物　有機物　＋　酸素　──→　二酸化炭素　＋　水

> 光や熱を出す（燃焼）

炭素や水素を
ふくむ化合物

2 酸化物から酸素をとる化学変化

教 p.56〜p.62

実験5 酸化銅と炭素粉末を混ぜ合わせて熱したときの変化を調べた。

・・・・・・・・・・ 図解でチェック！ ・・・・・・・・・・

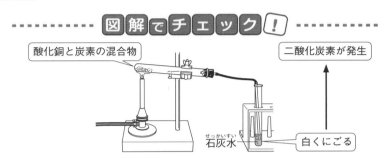

酸化銅と炭素の混合物

二酸化炭素が発生

石灰水 白くにごる

結 論
- 酸化銅と炭素の混合物を熱すると銅と二酸化炭素ができる。
- 炭素によって，酸化銅から酸素をうばうことができる。

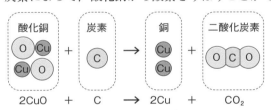

| 酸化銅 | 炭素 | 銅 | 二酸化炭素 |

$$2CuO + C \rightarrow 2Cu + CO_2$$

■ 還元

要点

● **還元** 酸化物が酸素をうばわれる化学変化。

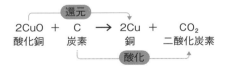

$$2CuO + C \rightarrow 2Cu + CO_2$$

酸化銅　炭素　　銅　二酸化炭素

還元

酸化

最重要 還元の化学反応では，酸化も同時に行われている。

第4章 化学変化と物質の質量

1 化学変化と質量の変化

教 p.64〜p.67

実験6 さまざまな化学変化によって、質量はどうなるのか調べた。

・・・・・・・・・ 図解でチェック！ ・・・・・・・・・

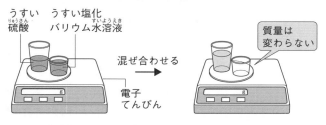

$$H_2SO_4 + BaCl_2 \rightarrow 2HCl + BaSO_4$$

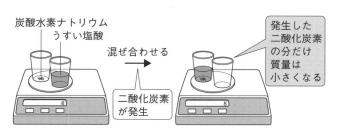

$$NaHCO_3 + HCl \rightarrow NaCl + H_2O + CO_2$$

結 果 ・沈殿ができる反応 → 質量は変わらない。

・気体が発生する反応 → 質量は小さくなる。(気体の質量の分)

注 気体が発生する反応でも密閉容器の中で反応させると、質量は変わらない。

■ 質量保存の法則

● **質量保存の法則**　化学変化では，反応の前後で物質全体の質量は変わらない。
● 化学変化では，反応の前後で全体の元素とそれぞれの原子の数は変わらない。

■ 物理変化における質量の保存

● 物質が水にとけることや物質が状態変化することを物理変化という。
● 質量保存の考え方は，化学変化だけでなく，物理変化など物質の変化全てになり立つ。

2 物質と物質が結びつくときの物質の割合　教 p.68〜p.72

実験7　銅やマグネシウムの粉末を熱したときの質量の変化を調べた。

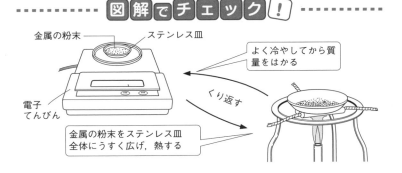

金属の粉末　ステンレス皿

よく冷やしてから質量をはかる

電子てんびん

くり返す

金属の粉末をステンレス皿全体にうすく広げ，熱する

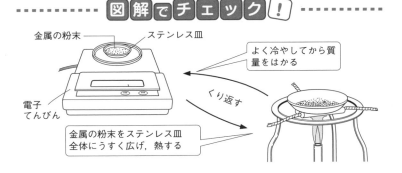

27

結 果

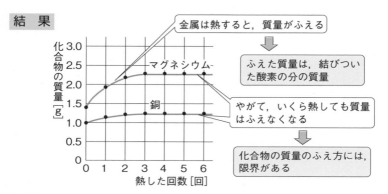

金属は熱すると，質量がふえる

ふえた質量は，結びついた酸素の分の質量

やがて，いくら熱しても質量はふえなくなる

化合物の質量のふえ方には，限界がある

■ 物質と物質が結びつくときの質量の割合

● 2種類の物質が結びつくとき，それぞれの物質の質量の比は，いつも一定である。

▶金属と化合物の質量の関係

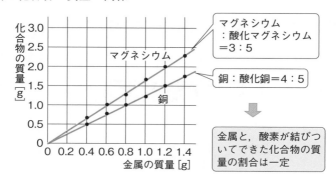

マグネシウム：酸化マグネシウム＝3：5

銅：酸化銅＝4：5

金属と，酸素が結びついてできた化合物の質量の割合は一定

最重要

・2種類の物質は，いつも一定の質量の割合で結びつく。

▶金属と，結びついた酸素の質量の関係

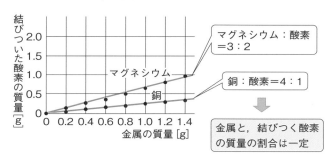

マグネシウム：酸素
＝3：2

銅：酸素＝4：1

金属と，結びつく酸素
の質量の割合は一定

▶A，B2つの物質が結びつく場合 ➡ A，Bは，いつも一定の質量の割合で結びつく。

▶結びつく物質Aと物質Bの質量で，一方に過不足があるとき ➡ 多い方の一部が結びつかないで残る。

発展｜高校　物質の質量の比と原子の質量の比

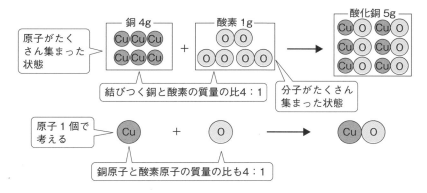

原子がたくさん集まった状態

銅 4g

酸素 1g

酸化銅 5g

結びつく銅と酸素の質量の比4：1

分子がたくさん集まった状態

原子1個で考える

銅原子と酸素原子の質量の比も4：1

▶炭素原子の質量を12としたとき，銅原子の質量は約64，酸素原子の質量は約16である。銅原子1個と酸素原子1個の質量を比べると，約64：16つまり4：1となる。

□物質が酸素と結びつくことを何というか。	酸化
□酸化によってできた物質を何というか。	酸化物
□物質が熱や光を出しながら激しく酸化されることを何というか。	燃焼
□鉄の燃焼でできる物質は何か。	酸化鉄
□酸化マグネシウムは，何とマグネシウムが反応したものか。	酸素
□銅と酸素が反応してできる物質は何か。	酸化銅
□酸化鉄は電気が流れるか。	流れない
□酸化マグネシウムは何色か。	白色
□炭素の燃焼でできる物質は何か。	二酸化炭素
□水素の燃焼でできる物質は何か。	水
□集気びんの中で木炭を燃焼させたあとに，びんの中に石灰水を入れてふると石灰水はどうなるか。	白くにごる
□水素と酸素が反応すると何ができるか。	水
□酸化物が酸素をうばわれる化学変化を何というか。	還元
□酸化銅と炭素と混ぜ合わせて熱したときに，還元されるのはどちらか。	酸化銅
□酸化銅と炭素と混ぜ合わせて熱したときにできる固体は何か。	銅
□酸化銅と炭素と混ぜ合わせて熱したときに発生する気体は何か。	二酸化炭素
□化学変化のなかで，酸化と還元は同時に起こるか。	起こる
□空気中でスチールウールを燃焼させたときの質量は，大きくなる，小さくなる，変わらない，のいずれか。	大きくなる
□密封したガラスの容器の中で炭素を燃焼させたとき，全体の質量は変わるか。	変わらない
□ロウが液体から固体になるとき，質量は変わるか。	変わらない

30

☐銅と酸素が結びついてできた酸化銅の質量は，何の質量と等しくなるか。	もとの銅と酸素の質量の和
☐化学変化の前後で，物質全体の質量が変わらないという法則を何というか。	質量保存の法則
☐化学変化の前後で，物質をつくる原子の組み合わせは変わるか，変わらないか。	変わる
☐化学変化の前後で，反応に関係する元素と原子の数は変わるか，変わらないか。	変わらない
☐質量保存の考え方は，状態変化の場合になり立つか，なり立たないか。	なり立つ
☐金属を熱したとき，できた化合物の質量は何の質量の分だけふえるか。	結びついた酸素の質量の分
☐ある質量の金属を熱し続けると，できた化合物の質量はいつまでもふえ続けるか，やがて一定になるか。	やがて一定になる
☐物質が結びつく反応に関係する物質の質量の割合は，一定か，一定ではないか。	一定
☐物質が結びつく反応に関係する2つの物質をつくっている原子の割合は，一定か，一定ではないか。	一定
☐銅と酸素が結びつくとき，銅と，できる酸化銅の質量の割合は何対何か。	4：5
☐マグネシウムと酸素が結びつくとき，マグネシウムと，できる酸化マグネシウムの質量の割合は何対何か。	3：5
☐銅と酸素が結びつくときの質量の割合は何対何か。	4：1
☐マグネシウムと酸素が結びつくときの質量の割合は何対何か。	3：2
☐2.4gの銅粉が全て酸素と結びつくとき，何gの酸素が必要か。	0.6g
☐1.5gのマグネシウムが全て酸素と結びつくとき，何gの酸化マグネシウムができるか。	2.5g
☐一定の質量の金属と結びつく酸素に，限りはあるか。	ある

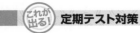

1 〔金属の酸化〕〔金属以外の物質の酸化〕 次の式は，酸化のようすを表した
ものである。

(1) 空らんに当てはまる原子・分子を，式にならってモデルで書け。

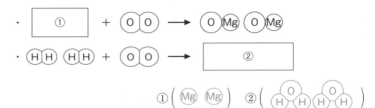

(2) 物質が，光や熱を出しながら激しく酸化される反応を何というか。
（ 燃焼 ）

2 〔還元〕 酸化銅と炭素粉末を混ぜ合わせて熱した。

(1) 発生した気体を石灰水に通すとどうなるか。 （ 白くにごる ）

(2) 熱した混合物を冷まして金属製の薬品さじで強くこすると，どうなるか。
（ 赤色の金属光沢を示す ）

(3) この化学変化を化学反応式で表せ。 （ $2CuO + C \rightarrow 2Cu + CO_2$ ）

(4) 次の文のA，Bに当てはまることばを答えよ。
酸化物が酸素をうばわれる化学変化を（A）という。（A）と（B）は同時に
起こる。 A（ 還元 ） B（ 酸化 ）

3 〔化学変化と物質の質量〕〔質量保存の法則〕 密閉した容器の中で銅と酸素
を反応させた。

(1) この実験で反応後にできる物質は何か。 （ 酸化銅 ）

(2) この反応の前後で，物質全体の質量はどうなるか。 （ 変わらない ）

(3) このように，化学変化の前後で，反応に関係する物質全体の質量が変
わらないことを何というか。
（ 質量保存の法則 ）

4〔物質と物質が結びつくときの質量の割合〕 図1のグラフは，いろいろな質量の銅粉と，じゅうぶん加熱したときできた酸化銅との質量の関係を表したものである。

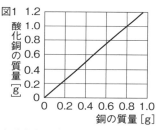

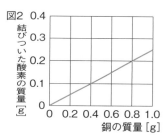

（1）酸化銅の色は何色か。 （ 黒 色 ）

（2）銅粉0.8gと結びつく酸素の質量はいくらか。 （ 0.2g ）

（3）銅粉の質量と，結びついた酸素の質量との関係を示すグラフを，図2にかき入れよ。

（4）銅の質量と酸化銅の質量の割合は何対何か。 （ 4：5 ）

（5）銅粉1.6gからできる酸化銅の質量はいくらか。 （ 2.0g ）

（6）銅粉を熱して酸化銅ができる化学反応式を書け。

（ $2Cu + O_2 \rightarrow 2CuO$ ）

（7）（6）の式から，酸素分子1個から何個の酸化銅ができることがわかるか。

（ 2 個 ）

5〔物質の質量の比と原子の質量の比〕 6gのマグネシウムを完全に酸素と結びつかせたら，10gの酸化マグネシウムができた。

（1）反応したマグネシウムと酸素の質量の比は何対何か。

マグネシウム：酸素 ＝ （ 3：2 ）

（2）1.5gの酸化マグネシウムにふくまれる酸素の質量はいくらか。

（ 0.6g ）

（3）反応で得られた10gの酸化マグネシウムをさらに加熱すると，質量はどうなるか。

（ 変わらない ）

第5章 化学変化とその利用

1 化学変化と熱

教 p.74〜p.77

実験8 化学変化が起こるときの熱の出入りを調べた。

図解でチェック！

①鉄粉と活性炭を混ぜ，そのときの温度を確認する。

②食塩水を5〜6滴たらし，ガラス棒でよくかき混ぜながら，1分ごとに温度をはかる。

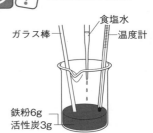

ガラス棒　食塩水　温度計

鉄粉6g
活性炭3g

図解でチェック！

①ポリエチレンぶくろに水酸化バリウム3gを入れ，そのときの温度を確認する。

②塩化アンモニウム1gを加え，口を閉じる。

③ポリエチレンぶくろを外側からもんで中を混ぜながら，1分ごとに温度をはかる。

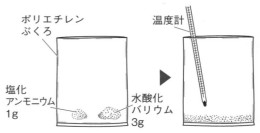

ポリエチレンぶくろ　温度計

塩化アンモニウム1g　水酸化バリウム3g

結果

	温　度（℃）	
	反　応　前	反　応　後
鉄　粉　の　酸　化	20.0	75.0
ア　ン　モ　ニ　ア　の　発　生	18.0	2.0

反応中の温度をはかると，鉄粉の酸化の実験では温度が上がり，アンモニアの発生の実験では温度が下がった。これらのことから，化学変化では，温度が上がる場合と下がる場合とがあることがわかる。

■ 化学変化と熱

- **発熱反応**（はつねつはんのう）　化学変化が起こるとき，熱を周囲に出している反応。
- **吸熱反応**（きゅうねつはんのう）　化学変化が起こるとき，周囲から熱をうばう反応。
- **化学エネルギー**（かがく）　物質がもっているエネルギー。

結　論

化学変化には熱の出入りがともなう。

▶発熱反応（温度が上がる反応）　例：鉄粉の酸化

▶吸熱反応（温度が下がる反応）　例：アンモニアの発生

化学エネルギー　もともと物質がもっているエネルギー。このエネルギーは，化学変化によって，熱などとして物質からとり出すことができる。

□化学変化	もとの物質とちがう物質ができる変化。
□分解 ぶんかい	1種類の物質が2種類以上の別の物質に分かれる変化。
□熱分解	物質に熱を加えて分解すること。
□電気分解 でんきぶんかい	物質に電流を流して分解すること。
□原子 げんし	それ以上分割することのできない最小の粒子。 りゅうし
□元素 げんそ	原子の種類。
□元素記号 げんそごう	アルファベットの1文字または2文字からなる記号で，元素の種類を表す。
□元素の周期表 げんそ しゅう きひょう	元素の性質を整理した表。
□分子 ぶんし	いくつかの原子が結びついてできた，物質の性質を示す最小の粒子。
□化学式	物質を元素記号を使って表したもの。
□単体 たんたい	1種類の元素からできている物質。
□化合物 かごうぶつ	2種類以上の元素からできている物質。
□混合物 こんごうぶつ	2種類以上の物質が混じり合っているもの。
□化学反応式	化学変化を化学式で表した式。反応前の物質を左側，反応後の物質を右側に書き，式の左右で原子の数を同じにする。 例　水素と酸素が結びついて水ができる反応 　　$2H_2 + O_2 \rightarrow 2H_2O$
□酸化	物質が酸素と結びつくこと。
□酸化物	酸化によってできた物質。
□燃焼 ねんしょう	物質が熱や光を出しながら激しく酸化されること。
□還元 かんげん	酸化物が酸素をうばわれる化学変化。

□化学変化の 前後での物 質全体の質 量	気体が発生する化学変化 → 発生した気体が空気中ににげる ため減る。 金属が酸素と結びつく化学変化 → 金属が空気中の酸素と結 びつくためふえる。 密閉した容器の中で気体が発生する化学変化が起こった場合， 物質全体の質量は変わらない。
□質量保存の 法則	化学変化の前後では，物質全体の質量は変わらないこと。 質量保存の考え方は，化学変化だけでなく，状態変化など， 物理変化全てになり立つ。
□結びつく物 質の割合	AとBの2種類の物質が結びつく場合，AとBはいつも一定 の質量の割合で結びつく。
□酸素と結び つく質量比	金属の質量と結びつく酸素の質量の割合は決まっている。 例 銅：酸素＝4：1 　　マグネシウム：酸素＝3：2
□化学変化と 熱	化学変化には熱の出入りがともない，その熱によって周囲の 温度が変化する。
□発熱反応 （はつねつはんのう）	周囲の温度が上がる反応（発熱反応）　例：鉄粉の酸化

$$物質A ～ + ～ \cdots ～ \xrightarrow[化学変化]{\quad\nearrow\boxed{熱}\quad} ～ 物質B ～ + ～ \cdots$$

□吸熱反応 （きゅうねつはんのう）	周囲の温度が下がる反応（吸熱反応）　例：アンモニアの発生

$$物質C ～ + ～ \cdots ～ \xrightarrow[化学変化]{\quad\searrow\boxed{熱}\quad} ～ 物質D ～ + ～ \cdots$$

□化学エネル ギー	物質がもっているエネルギー。

単元1の内容をよく理解できたかな。

第1章 生物と細胞

1 水中の小さな生物

教 p.92〜p.95

観察1 池や水槽の中にいる小さな生物を観察して，外見や大きさや色，動き方を比べよう。

顕微鏡の使い方

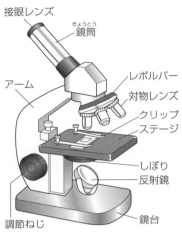

① 対物レンズを一番低倍率のものにし，反射鏡を調節して全体が明るく見えるようにする。

② 見たいものをのせたプレパラートを対物レンズの真下に置き，クリップでとめる。

③ 真横から見ながらプレパラートと対物レンズをできるだけ近づけ，接眼レンズをのぞきながら対物レンズを少しずつ遠ざけ，ピントを合わせる。

④ しぼりを回して観察したいものがはっきりと見えるようにする。

⑤ 高倍率にするときは，まず低倍率で視野の中央に観察するものを置く。

⑥ レボルバーを回して，高倍率の対物レンズにかえる。

⑦ しぼりを調節して，はっきり見えるようにする。

結 果

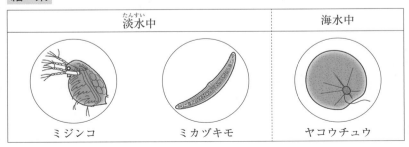

淡水中		海水中
ミジンコ	ミカヅキモ	ヤコウチュウ

２ 植物の細胞

教 p.96〜p.99

■植物の顕微鏡観察

> ● **細胞** 葉の表皮や断面に見られる小さな部屋のようなもの。
> ● **核** 酢酸オルセインなどの染色液で赤く染まるまるいもの。
> ● **気孔** ２つの孔辺細胞で囲まれたすきま。
> ● **維管束** 水や肥料分，養分が通る管の集まり。
> ● **細胞壁** 植物の細胞にあり，細胞膜のさらに外側を囲む。

観察２

葉の表面と断面をうすく切りとり，顕微鏡で観察しよう。

▶顕微鏡で観察を行うため，プレパラートを準備する。

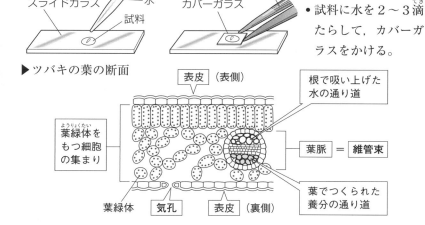

スライドガラス 水 試料

ピンセット カバーガラス

• 試料に水を２〜３滴たらして，カバーガラスをかける。

▶ツバキの葉の断面

表皮 （表側）

葉緑体をもつ細胞の集まり

根で吸い上げた水の通り道

葉脈 ＝ 維管束

葉緑体 気孔 表皮 （裏側）

葉でつくられた養分の通り道

39

▶ツユクサの葉の表皮（裏側）のスケッチ

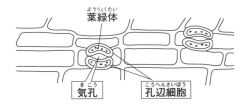
葉緑体
気孔
孔辺細胞

▶気孔

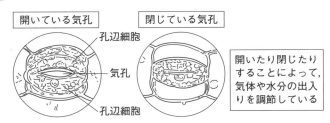

開いている気孔　　　閉じている気孔

孔辺細胞
気孔
孔辺細胞

開いたり閉じたり
することによって,
気体や水分の出入
りを調節している

3 動物の細胞

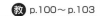教 p.100〜p.103

● 植物の細胞に見られるもの
核, 細胞膜, 細胞壁, 液胞, 葉緑体

● 動物の細胞に見られるもの

核, 細胞膜

● 細胞の核と細胞壁以外の部分をまとめて**細胞質**という。

観察3

ヒトのほおの内側の細胞を顕微鏡で観察しよう。

■ 細胞のつくりの共通点と相違点

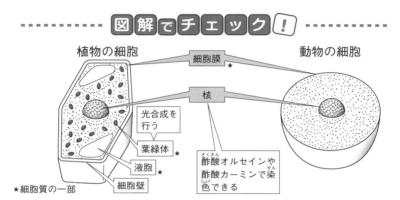

図解でチェック！

植物の細胞　　　　　　　　　　　　　　動物の細胞

細胞膜 ★

核

光合成を行う

葉緑体 ★

液胞 ★

細胞壁

酢酸オルセインや酢酸カーミンで染色できる

★細胞質の一部

- 細胞の形や大きさは，生物やからだの部分によってちがう。

結論

- 両方の細胞に共通する特徴…核，細胞膜
- 植物の細胞だけに見られるもの…葉緑体，細胞壁，液胞

発展｜高校　　顕微鏡で見た，よりくわしい細胞のつくり

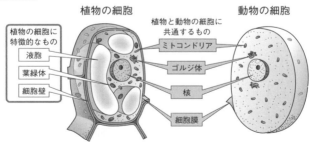

植物の細胞　　　　植物と動物の細胞に共通するもの　　　動物の細胞

植物の細胞に特徴的なもの

液胞

葉緑体

細胞壁

ミトコンドリア

ゴルジ体

核

細胞膜

- ミトコンドリアは，酸素を使って養分からエネルギーをとり出す。ゴルジ体は，細胞の中でつくられた物質が，適切な場所ではたらけるようにする。

4 生物のからだと細胞

 教 p.104～p.108

■ 単細胞生物の細胞

● **単細胞生物** 1個の細胞だけでからだができている生物。

　例　ゾウリムシ，ミドリムシ，アメーバ

〈ゾウリムシ〉
核
細かい毛を動かして水中を泳ぐ
食物をとりこむところ

〈ミカヅキモ〉
核
赤色の部分は葉緑体
（ミカヅキモは光合成を行い，養分をつくり出す）

■ 多細胞生物の細胞

● **多細胞生物** 多数の細胞が集まってからだができている生物。

　例　タマネギ，ヒト，ミジンコ

● 多細胞生物のなり立ち

細胞　——→　**組織**　——→　**器官**　——→　**個体**

細胞	組織	器官	個体
からだの部分により，形やはたらきが異なる	形やはたらきが同じ細胞の集まり	数種類の組織が集まり，特定のはたらきをする部分	いくつかの器官が集まってできる

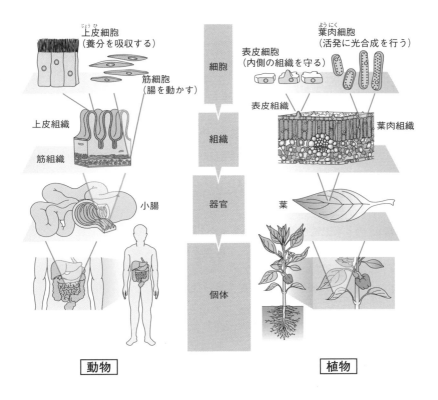

■ 単細胞生物と多細胞生物の比較

• 単細胞生物では，1個の細胞ですべての生命活動を行うしくみを備えている。

• 多細胞生物では，細胞の形態はさまざまで，細胞が集合して階層的なしくみをつくり，より複雑な生命活動が行われている。

□生物のからだをつくる，小さな部屋のようなつくりを 何というか。 細胞

□葉の表皮にある三日月形の細胞を何というか。 孔辺細胞

□孔辺細胞には，葉緑体はあるか。 ある

□孔辺細胞で囲まれたすきまを何というか。 気孔

□動物の細胞と植物の細胞に共通して見られるつくりは何 か。2つ答えよ。 核，細胞膜

□動物の細胞にはなく，植物の細胞のみがもつつくりは何 か。3つ答えよ。 葉緑体，細胞壁，液胞

□細胞の，核と細胞壁以外の部分をまとめて何というか。 細胞質

□細胞のつくりで，酢酸オルセインや酢酸カーミンで赤 く染まるものは何か。 核

□細胞のつくりで，植物のからだを支えるはたらきをす るものは何か。 細胞壁

□1つの細胞だけでからだができている生物を何というか。 単細胞生物

□図は，単細胞生物のミカ ヅキモである。

　図のア，イの部分の名称 を答えよ。 ア　核　　イ　葉緑体

□多数の細胞でからだができている生物を何というか。 多細胞生物

□同じ形やはたらきをもった細胞の集まりを何というか。 組織

□いくつかの組織からなり，まとまった構造とはたらき をもつ部分を何というか。 器官

□共同して1つのはたらきを行う器官のまとまりを何と いうか。 個体

□ヒトの小腸は組織か，器官か。 器官

□植物の葉・茎・根は組織か，器官か。 器官

□植物の維管束は組織か，器官か。 組織

□次の生物のうち，単細胞生物はどれか。全て答えよ。

　　アメーバ，ミジンコ，ツバキ，ゾウリムシ

アメーバ
ゾウリムシ

 定期テスト対策

1〔水中の小さな生物〕　顕微鏡の使い方について説
　明した次の文のア〜エに入る名称を答え，さらにそ
　れは右図のa〜kのどの部分になるかを記号で答え
　なさい。

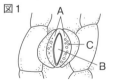

　①対物レンズを一番低倍率のものにして，（ア）を調
　　節して全体が明るく見えるようにする。

　②プレパラートを対物レンズの真下に置き，とめる。

　③真横から見ながらプレパラートと対物レンズをでき
　　るだけ近づけ，（イ）をのぞきながら対物レンズを遠ざけてピントを合わせる。

　④（ウ）を回して観察したいものがはっきりと見えるようにする。

　⑤必要に応じて（エ）を回して高倍率の対物レンズに変える。

　ア（　反射鏡　，i）　　イ（接眼レンズ，a）

　ウ（　しぼり　，h）　　エ（レボルバー，d）

2〔葉とそのつくり〕　図1は，葉の表皮，図2は，葉の断面を示したものである。

　（1）図1のA，Bをそれぞれ何というか。

　　　　　A（　孔辺細胞　）B（　気　　　孔　）

　（2）図1のBは何の出口になっているか。1つ
　　　答えよ。

　　　　　　　（　水蒸気（酸素，二酸化炭素）　）

　（3）図1のBは葉の表側と裏側のどちらに多く
　　　あるか。　　　　　　　　（　裏　　　側　）

　（4）図1のCや図2のDの緑色の粒を何とい
　　　うか。　　　　　　　　　　（　葉　緑　体　）

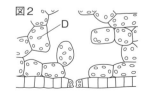

3〔植物の細胞・動物の細胞〕

右の図は，ある細胞を顕微鏡で観察したときの模式図である。

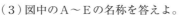

(1) 図は，動物と植物のどちらを観察したものか。
（　植　　物　）

(2) (1)のように判断した根拠となる細胞のつくりを，図中のA〜Eから選べ。
（　A，B，C　）

(3) 図中のA〜Eの名称を答えよ。

A（　葉　緑　体　）　B（　細　胞　壁　）　C（　液　　　胞　）

D（　細　胞　膜　）　E（　　核　　　）

4〔単細胞生物の細胞・多細胞生物の細胞〕

右の図は，水中の微生物を顕微鏡で観察してスケッチしたものである。

(1) 図A〜Eのうち，多細胞生物をすべて選べ。（　　D　　）

(2) 図A〜Eのうち，光合成を行うものをすべて選べ。
（　B，C　）

5〔多細胞生物の細胞〕

多細胞生物のからだのつくりについて，次の問いに答えなさい。

(1) 形やはたらきが同じ細胞が集まったものを何というか。　（　組　織　）

(2) さらに，いくつかの種類の(1)が集まって1つのまとまった形をもち，特定のはたらきをする部分となったものを何というか。　（　器　官　）

(3) いくつかの(2)が集まってつくられるものを何というか。（　個　体　）

第2章 植物のからだのつくりとはたらき

1 葉と光合成

教 p.110〜p.113

> ● **光合成** 植物が光を受けて, デンプンなどの養分をつくる植物のはたらき。
> ● **葉緑体** 植物の細胞内にある緑色の粒。光合成が行われている。

実験1 光合成が, 葉の細胞のどの部分で行われているか確かめる。

結 果

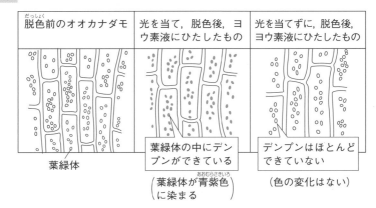

脱色前のオオカナダモ	光を当て, 脱色後, ヨウ素液にひたしたもの	光を当てずに, 脱色後, ヨウ素液にひたしたもの
葉緑体	葉緑体の中にデンプンができている（葉緑体が青紫色に染まる）	デンプンはほとんどできていない（色の変化はない）

結 論

光合成は, 光が当たっているときに葉緑体で行われる。

■ 光合成で発生する気体

　ペットボトルにオオカナダモを入れ, 光を当てて光合成を行わせると, 気体が発生する。

・その気体に線香の火を近づけると激しく燃える → 酸素であるとわかる。

2 光合成に必要なもの

実験2

光合成では，二酸化炭素が使われているかを確かめよう。

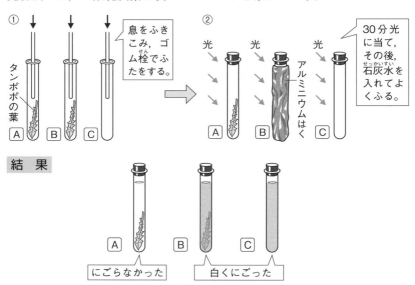

結　果

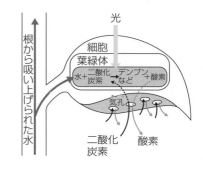

A	B	C
にごらなかった	白くにごった	

■ 光合成と二酸化炭素

植物の葉は，光合成を行うときに，二酸化炭素を吸収する。

■ 光合成と水

光合成は，植物の細胞の中の葉緑体で行われている。光合成でデンプンなどの養分がつくられるとき，二酸化炭素のほかに水も使われている。陸上に生息する植物では，水は根から吸い上げられる。

48

3 植物と呼吸

要点

● **呼吸** 酸素をとり入れ，二酸化炭素を出すはたらき。植物も呼吸を行う。

■ 呼吸と光合成

最重要

明るいところ
呼吸と光合成
両方を行う
呼吸＜光合成

⟹ 酸素
⟶ 二酸化炭素

暗いところ
呼吸しか
行っていない

光が当たっているときは光合成による気体の出入りの方が多い。

- **明るいところ** 光合成も呼吸も行うが，光合成の方がさかんに行われる結果，二酸化炭素をとり入れて酸素を出しているだけのように見える。
- **暗いところ** 呼吸のみを行うので，酸素をとり入れ，二酸化炭素を出している。

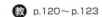

要点

- **吸水** 植物が水を吸い上げること。
- **蒸散** 主に気孔から水が水蒸気になって出ていく現象。

実験3

蒸散が行われると吸水するのだろうか。
気孔の数と蒸散には関係があるのだろうか。

葉に何もぬらない。

葉の表側にワセリンをぬる。

葉の裏側にワセリンをぬる。

葉を全てとる。

ア　　　　　イ　　　　　ウ　　　　　エ

図のように準備したものを，光が当たる場所に置き，数時間後，減った水の量を調べる。

減った水の量　　ア　　　＞　　　イ　　　＞　　　ウ　　　＞　　　エ

■ 蒸散のしくみ

結論

- 葉の気孔から蒸散が行われると吸水が起こる。
- 蒸散量は葉の表側よりも裏側の方が多い。
- 気孔の数が多いほど蒸散量が多くなり，吸水量が多くなる。

5

要点

- **道管** 根から吸収した水や，水にとけた肥料分の通る管。
- **師管** 葉でつくられたデンプンなどの養分をからだ全体の細胞に送る管。養分は，水にとけやすい物質に変化して運ばれる。
- **根毛** 根の先端近くにある白い綿毛のようなもの。

観察4

根の形はどうなっているか，色水を吸わせた葉や茎の断面のどの部分が染まっているかを観察しよう。

■ 根のはたらき

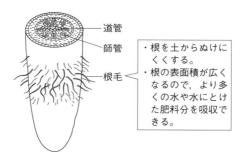

- 道管
- 師管
- 根毛

・根を土からぬけにくくする。
・根の表面積が広くなるので，より多くの水や水にとけた肥料分を吸収できる。

■ 維管束のはたらき

・維管束は根から茎，葉へとつながっており，物質の輸送にかかわる。また，茎では維管束が骨組みとなって植物のからだを支える役割をもつ。

■ 維管束の並び方

▶双子葉類の茎

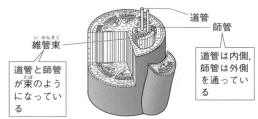

道管

師管

維管束

道管と師管が束のようになっている

道管は内側，師管は外側を通っている

▶双子葉類の葉

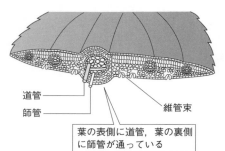

道管

師管

維管束

葉の表側に道管，葉の裏側に師管が通っている

注 茎の維管束では，道管は茎の中心側にあり，師管は表面の側にある。

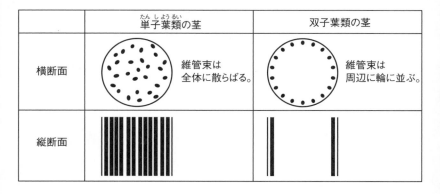

	単子葉類の茎	双子葉類の茎
横断面	維管束は全体に散らばる。	維管束は周辺に輪に並ぶ。
縦断面		

52

植物のつくりとはたらきのまとめ

―――― 道管 ―→ 根で吸収した水や水にとけた肥料分の動き

------ 師管 --→ 葉でつくられた養分の動き

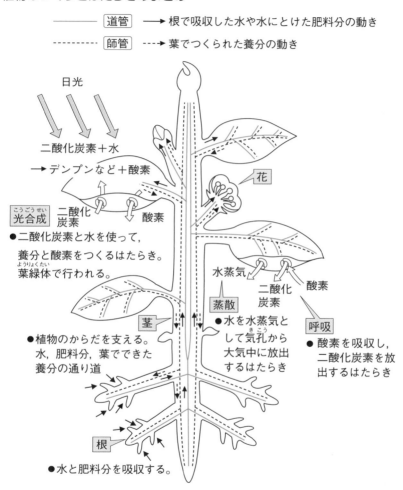

日光

二酸化炭素＋水

→ デンプンなど＋酸素

二酸化炭素　　酸素

光合成（こうごうせい）
●二酸化炭素と水を使って，
養分と酸素をつくるはたらき。
葉緑体（ようりょくたい）で行われる。

花

水蒸気
二酸化炭素　酸素

蒸散
●水を水蒸気と
して気孔（きこう）から
大気中に放出
するはたらき

呼吸
●酸素を吸収し，
二酸化炭素を放
出するはたらき

茎
●植物のからだを支える。
水，肥料分，葉でできた
養分の通り道

根
●水と肥料分を吸収する。

□細胞のつくりで，光合成を行うものは何か。　　　　　　　　葉緑体

□細胞内にある緑色の粒を何というか。　　　　　　　　　　　葉緑体

□表皮の細胞（孔辺細胞を除く）に，葉緑体はあるか。　　　　ない

□植物の成長には，光が必要か，必要でないか。　　　　　　　必要

□植物が光を受けてデンプンをつくることを何というか。　　　光合成

□光合成は，細胞内のどこで行われるか。　　　　　　　　　　葉緑体

□光合成でつくられる気体は何か。　　　　　　　　　　　　　酸素

□光合成に必要な気体は何か。　　　　　　　　　　　　　　　二酸化炭素

□植物が光合成に必要な水は，どこからとり入れるか。　　　　根

□1つの条件以外を同じにして行う実験を何というか。　　　　対照実験

□BTB溶液は，中性では何色になるか。　　　　　　　　　　　緑色

□BTB溶液は，アルカリ性では何色になるか。　　　　　　　　青色

□青色のBTB溶液を入れた試験管に息をふきこみ緑色　　　　青色
　にした後，水草を入れ，じゅうぶんに光を当てると，
　BTB溶液の色は何色になるか。

□酸素をとり入れ，二酸化炭素を出すはたらきを何とい　　　　呼吸
　うか。

□光合成と呼吸のうち，光合成をさかんに行っているの　　　　日中
　は日中と夜間のどちらか。

□根から吸い上げられた水の多くは，どこから出ていくか。　　気孔

□水は，どういう状態になって葉から大気中へ出ていくか。　　水蒸気

□植物のからだから水が水蒸気となって出ていく現象を　　　　蒸散
　何というか。

□気孔は葉の表側と裏側のどちらに多くあるか。　　　　　　　裏側

□根にある白い綿毛のようなものを何というか。　　　　　　　根毛

□根で吸収した水が通る管を何というか。　　　　　　　　　　道管

□葉でつくられた養分が通る管を何というか。　　　　　　　　師管

□葉でつくられた養分は、どのような性質をもつ物質に変化して運ばれるか。 ／ 水にとけやすい物質

□葉でつくられた養分は、どこにたくわえられるか。 ／ 果実や種子，茎，根など

□道管や師管が，束のようになった部分を何というか。 ／ 維管束

□維管束の中の道管は茎の内側を通るか，外側を通るか。 ／ 内側

□維管束の中の師管は葉の表側を通るか，裏側を通るか。 ／ 裏側

□ヒマワリの茎の断面では，維管束はどのように並んでいるか。 ／ 輪の形

□トウモロコシの茎の断面では，維管束はどのように並んでいるか。 ／ 散らばっている

これが出る! 定期テスト対策

1 〔光合成が行われるところ〕 図1のような葉を日光に当て，熱湯，エタノールの中に入れた後，図2のようにヨウ素液に入れた。

図1　aふの部分　クリップ　b　c

図2　ヨウ素液　アルミニウムはく

（1）エタノールに入れたのはなぜか。
（ 葉の緑色をぬくため ）

（2）ヨウ素液により，色が変化するのは，葉のa〜cのどの部分か。また，その部分は何色に変化するか。
記号（ c ）　色（ 青紫色 ）

（3）（2）から，色が変化した部分には，何ができたと考えられるか。また，植物がその物質をつくるはたらきを何というか。
物質（ デンプン ）　はたらき（ 光合成 ）

2〔光合成と気体〕

水を一度沸騰させて中の気体をぬき，図のように
試験管に水草といっしょに入れ，青色のBTB溶液を
加えて栓をした。その後，Bの試験管に水が緑色に
なるまで息をふきこみ，AとBの両方を日光の当た
る場所に置いた。

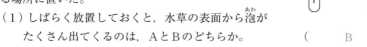

（1）しばらく放置しておくと，水草の表面から泡が
たくさん出てくるのは，AとBのどちらか。 （ B ）

（2）しばらく放置しておくと，AとBの水の色はどうなるか。

A（ 変わらない ） B（ 青くなる ）

3〔光合成のしくみ〕

右図は，光合成のしくみを模
式的に表したものである。

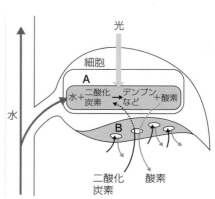

（1）Aは細胞の中にあり，こ
こで光合成が行われる。A
を何というか。

（ 葉緑体 ）

（2）光合成に使われる水は，
植物のどこからとり入れて
いるか。（ 根 ）

（3）光合成に必要な気体や，
光合成で生じた気体が出入りするすきまBを何というか。

（ 気孔 ）

4〔植物と呼吸〕

右図は新鮮な野草をびんに入れたもので，Aは明るいところに，Bは暗いところに3時間放置した。

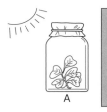

（1）AとBのびんの中に石灰水を少量入れてふると，白くにごるのはどちらか。　（　B　）

（2）AとBのびんの中に火のついた線香を入れると，激しく燃えるのはどちらか。　（　A　）

（3）AとBのびんの中に入れた野草は，それぞれどんなはたらきをしたか。

A（　呼吸と光合成　）　　B（　呼　　吸　）

5〔水の通り道〕

右の図1は，ある植物の茎の断面を，図2，図3はそれぞれ図1Bの植物の茎と根のつくりを表している。

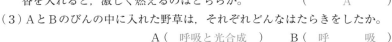

図1　A　　　B

（1）図1のAはホウセンカ，トウモロコシのうち，どちらの茎の断面か。

（　トウモロコシ　）

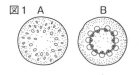

図2

（2）図2のaの管を何というか。また，その管は図3のc，dのどちらにつながっているか。

名称（　師　　管　）

記号（　c　）

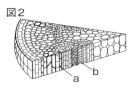

図3

（3）図3のcの管には，水，葉でつくられた養分のどちらが通っているか。

（　養　　分　）

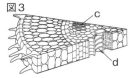

57

第3章 動物のからだのつくりとはたらき

1 消化のしくみ

教 p.130～p.135

要点

- **消化** 食物にふくまれる物質を吸収されやすい状態に分解すること。
- **消化液** 食物を消化するはたらきをもつ液。
- **消化酵素** 消化液にふくまれていて，食物を分解し，吸収されやすい物質に変える。それぞれの消化酵素は，決まった物質だけにはたらく。

  例 だ液にふくまれている消化酵素…**アミラーゼ**：デンプンを分解

実験4

デンプンの変化を調べて，だ液の中の消化酵素のはたらきを確かめよう。

結果

■ ヨウ素液を利用して確かめられること

	だ液を入れたもの	だ液をふくまない水を入れたもの
ヨウ素液	反応なし → デンプンはなくなっている	反応あり（青紫色） → デンプンが残っている

■ ベネジクト液を利用して確かめられること／必要な対照実験

	だ液を入れたもの	だ液をふくまない水を入れたもの
ベネジクト液	反応あり（赤褐色の沈殿） → 麦芽糖ができている	反応なし → 麦芽糖はない

- デンプンから麦芽糖への変化が水ではなくだ液によるものであることを確かめるために，だ液をふくまない水を用いて対照実験を行う。

結 論

- ヨウ素液の反応 → だ液にはデンプンを変化させる消化酵素がふくまれている。
- ベネジクト液の反応 → デンプンは変化されて麦芽糖などになる。

最重要 ✐ ・だ液にふくまれる消化酵素(アミラーゼ)はデンプンを分解する。
- デンプンは分解されると麦芽糖などになる。

■ だ液の中の消化酵素

消化酵素	ふくまれる消化液	はたらき
アミラーゼ	だ 液	デンプンを麦芽糖などに分解する

■ 消化管と消化酵素

消化酵素	ふくまれる消化液	はたらき
ペプシン トリプシン	胃 液 すい液	タンパク質を分解する
リパーゼ	すい液	脂肪を分解する

- 脂肪の消化には, 胆のうから出される胆汁 (消化酵素はふくまない) もかかわる。

食物にふくまれる主な成分

		主な食物	主なはたらき
有機物	炭水化物	米, イモなど	エネルギーのもとになる
	タンパク質	肉, とうふなど	からだをつくる
	脂肪	油, バターなど	エネルギーのもとになる
無機物		牛乳(カルシウム), レバー(鉄)など	骨や血液などの成分になる, からだの調子を整える

■ 消化の流れ

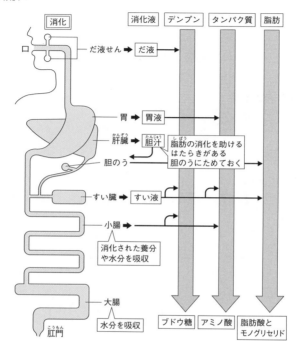

[発展内容]

- 食物は，消化管の筋肉の運動により，口から肛門へ移動しながら，その成分が次々に消化されて，吸収されやすい物質に変化する。

- 食物は，消化管を通って小腸で養分や水分が吸収され，大腸でさらに水分が吸収される。つまり，消化管の中は体の外側であり，吸収されるまでは体内に取り込まれてはいないと考えることができる。小腸や大腸には微生物が住み着いており，微生物はその中で食物をえさにして生活している。

■ 消化によってできた物質の吸収とその後のゆくえ

● **吸収** 消化された食物の多くは小腸のかべの柔毛から体内に吸収

される。

● **柔毛** 小腸のかべにあるたくさんの小さな突起。柔毛の内部には，

リンパ管と毛細血管がある。

  ブドウ糖・アミノ酸 → 柔毛の毛細血管へ

  脂肪酸・モノグリセリドは脂肪となって → 柔毛のリンパ管へ

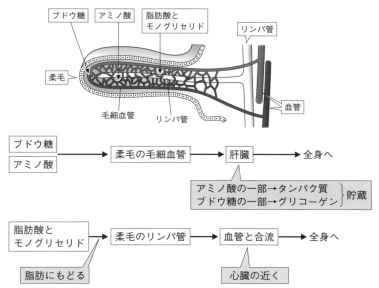

・小腸にはひだや柔毛があって，表面積が非常に大きくなっている。

  ⇨ **効率よく養分を吸収できる**

・大腸では消化は行われず，小腸で吸収しきれなかった水分を吸収する。
食物中の繊維などは便として肛門から出される。

■ エネルギーのとり出し方

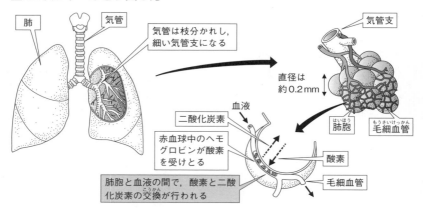

肺

気管

気管は枝分かれし，細い気管支になる

気管支

直径は約0.2mm

肺胞（はいほう）

毛細血管（もうさいけっかん）

血液

二酸化炭素

赤血球中のヘモグロビンが酸素を受けとる

肺胞と血液の間で，酸素と二酸化炭素の交換（こうかん）が行われる

酸素

毛細血管

要点

- **肺呼吸（はいこきゅう）** 空気中からとりこまれた酸素と，血液中の二酸化炭素が，肺で交換（こうかん）される一連のはたらき。
- **動脈血（どうみゃくけつ）** 酸素を多くふくみ，二酸化炭素の少ない血液。
- **静脈血（じょうみゃくけつ）** 酸素が少なく，二酸化炭素の多い血液。
- **細胞による呼吸（さいぼう）（こきゅう）** 酸素を使って養分を分解し，エネルギーをとり出すこと。同時に二酸化炭素と水ができる。

■ 細胞による呼吸

- 空気中の酸素は肺から血液中にとりこまれる（肺呼吸）。酸素は血液によってからだを構成する細胞に届けられ，養分からエネルギーをとり出すときに使われ，二酸化炭素が放出される。

4 血液のはたらき

■ 心臓のつくりとはたらき

・ヒトの心臓は，右心房，右心室，左心房，左心室からなる。

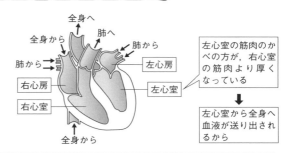

全身へ
全身から
肺へ
肺から
肺から
左心房
右心房
左心室
右心室
全身から

左心室の筋肉のかべの方が，右心室の筋肉より厚くなっている

↓

左心室から全身へ血液が送り出されるから

■ 血管

要点：

● **動脈** 心臓から送り出される血液が流れる血管。
● **静脈** 心臓にもどる血液が流れる血管。ところどころに弁があり逆流しないようになっている。
● **毛細血管** からだの組織に張りめぐらされた細い血管。
● **血液の循環** 心臓 → 動脈 → 毛細血管 → 静脈 → 心臓

■ 血管の循環／血液による酸素の運搬

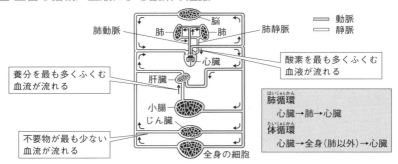

脳
肺動脈
肺
肺
肺静脈
心臓
養分を最も多くふくむ血流が流れる
肝臓
酸素を最も多くふくむ血液が流れる
小腸
じん臓
不要物が最も少ない血流が流れる
全身の細胞

━━ 動脈
━━ 静脈

肺循環
　心臓→肺→心臓
体循環
　心臓→全身（肺以外）→心臓

（注）　肺静脈（肺→心臓）には動脈血が，肺動脈（心臓→肺）には静脈血が
流れている。

■ 血液の成分

要点

● 血液の主な成分　血球（**赤血球**，白血球，**血小板**など）と血しょう（透明な液体）
● **白血球**　体外から侵入してきた細菌を分解するなどして，からだを守る。
● **組織液**　血しょうが毛細血管からしみ出たもの。細胞のまわりを満たす液体で，血液と細胞の間で物質のやりとりのなかだちをする。
● **赤血球**　酸素を運ぶ。ヘモグロビンという物質がふくまれている。

成分	形	はたらき
赤血球	中央がくぼんだ円盤形。	酸素を運ぶ。
白血球	球形のものが多い。状況により変形するものがある。	細菌などの異物を分解する。
血小板	赤血球や白血球よりも小さく不規則な形。	出血した血液を固める。
血しょう	液体。	養分や不要な物質などを運ぶ。

5 排出のしくみ

教 p.144～p.145

> **要点**
> ● 生命活動を行う → アンモニアなどの有害な物質ができる → 血液で肝臓（かんぞう）へ → アンモニアが 尿素（にょうそ）に変えられる → 血液でじん臓へ → **尿**（にょう）としてぼうこうに一時的にためられた後，体外へ。
> ● アンモニア　タンパク質が分解したときにできる物質。蓄積すると細胞のはたらきに有害。

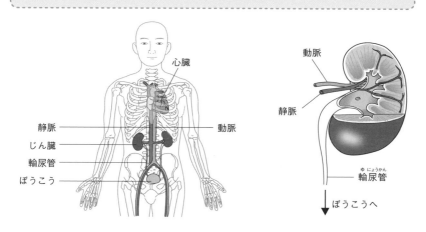

心臓

静脈
じん臓
輸尿管
ぼうこう

動脈

動脈
静脈

輸尿管（ゆにょうかん）

ぼうこうへ

じん臓のはたらき

> **要点**
> ● 血液中の不要な物質（尿素など）をとり除き，尿をつくる。
> ● とり除かれた尿素などは，尿として輸尿管（ゆにょうかん）を通ってぼうこうに一時的にためられてから，体外へ排出される。

□麦芽糖を検出する薬品は何か。 　　　　　　　　　　　　　ベネジクト液

□タンパク質は分解されて何になるか。 　　　　　　　　　　　アミノ酸

□だ液にふくまれ，デンプンを分解する消化酵素を何と　　　　　アミラーゼ
　いうか。

□胃液にふくまれ，タンパク質を分解する消化酵素を何　　　　　ペプシン
　というか。

□脂肪は脂肪酸と何に分解されるか。 　　　　　　　　　　　　モノグリセリド

□小腸で吸収されたブドウ糖はまずどこへ運ばれるか。 　　　　肝臓

□たくさんの肺胞があることで何が大きくなるのか。 　　　　　表面積

□肺胞のまわりを網の目のようにとりまいているものは　　　　　毛細血管
　何か。

□ヘモグロビンは何と結びつきやすい性質があるか。 　　　　　酸素

□養分を最も多くふくむ血液が流れるのは，どの器官を　　　　　小腸
　通った後の血液か。

□血しょうが毛細血管からしみ出て，細胞のまわりを満　　　　　組織液
　たしているものを何というか。

□養分や酸素を全身の細胞に運ぶものは何か。 　　　　　　　　血液

□細胞の呼吸によって養分から何がとり出されるか。 　　　　　エネルギー

□タンパク質が細胞の活動によって分解されてできる有　　　　　アンモニア
　害物質は何か。

□体内で生じた有害物質はどこへ運ばれるか。 　　　　　　　　肝臓

□肝臓に運ばれたアンモニアは，何に変えられるか。 　　　　　尿素

□血液中から尿素などの不要な物質をとり除くはたらき　　　　　じん臓
　をもつ器官は何か。

□図は，じん臓の断面を表したものである。 　　　　　　　　　輸尿管
　図のアを何というか。

□図のアは，何の通り道になっているか。 　　　　　　　　　　尿

□じん臓でつくられた尿は一時的にどこにためられるか。 　　　ぼうこう

66

1〔吸収のしくみ〕 右の図は,ヒトの消化にかかわ
る器官の模式図である。

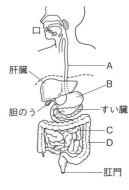

（1）A〜Dの器官名を書け。

　　　A（　食　　道　）B（　　胃　　）
　　　C（　小　　腸　）D（　大　　腸　）

（2）口 → A → B → C → D → 肛門と続く1
本の長い管を何というか。　（　消　化　管　）

（3）だ液にふくまれる消化酵素は,デンプン,タ
ンパク質,脂肪のうち,どれにはたらくか。

　　　　　　　　　　　　　　　（　デンプン　）

（4）胆汁はどこでつくられるか。　　　　　　　　　　　　（　肝　　臓　）

（5）胆汁はデンプン,タンパク質,脂肪のうち,どの物質の分解を助けるは
たらきがあるか。　　　　　　　　　　　　　　　　（　脂　　肪　）

2〔エネルギーのとり出し方〕 右の図は,血液の流
れと,肺や細胞での血液のはたらきを表した模式
図である。

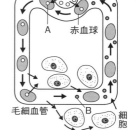

（1）血液が肺で受けとる物質Aは何か。

　　　　　　　　　　　　　　　（　酸　　素　）

（2）物質Aと結びつくのは赤血球の中の何か。

　　　　　　　　　　　　　（　ヘモグロビン　）

（3）血液が細胞から受けとる物質Bは何か。

　　　　　　　　　　　　　（　二酸化炭素　）

（4）物質Bを肺まで運ぶ血液中の成分は何か。　　　　　（　血しょう　）

（5）細胞と血液の間で,物質A,Bの受けわたしのなかだちをするものを何
というか。　　　　　　　　　　　　　　　　　　（　組　織　液　）

（6）肺で受けとった物質Aは何に使われるか。

　　　　　（　エネルギーのとり出し（細胞による呼吸）　）

67

3 〔排出のしくみ〕 右の図は，不要な物質が排出されるまで
の過程の模式図である。

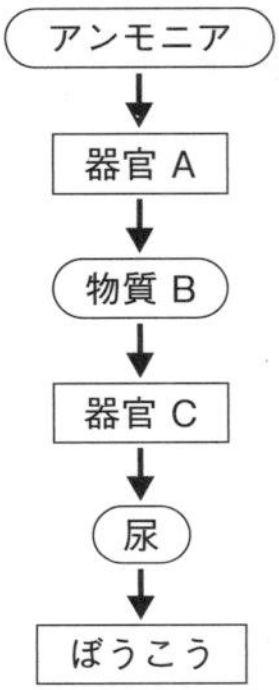

（1）器官A，Cの名前を書け。A(肝臓) C(じん臓)

（2）器官AとCの役割を次のア～オから，それぞれ1つずつ
選べ。

ア 体内の不要な物質をとり除き，尿をつくる。

イ 血液を運ぶ。　　　　ウ 尿を一時ためておく。

エ アンモニアを尿素に変える。　　オ 尿の通り道。

A(エ) C(ア)

（3）血液中の塩分の濃度を適正に保つはたらきをする器官は，
A，Cのどちらか。（発展内容）　　　　　　(C)

（4）アンモニアはどんな物質が分解されてできるか。　(タンパク質)

（5）物質Bは何か。　　　　　　　　　　　　(尿素)

```
┌─────────┐
│ アンモニア │
└─────────┘
     ↓
  ┌──────┐
  │ 器官 A │
  └──────┘
     ↓
  ┌──────┐
  │ 物質 B │
  └──────┘
     ↓
  ┌──────┐
  │ 器官 C │
  └──────┘
     ↓
  ┌────┐
  │ 尿 │
  └────┘
     ↓
 ┌──────┐
 │ ぼうこう │
 └──────┘
```

4 〔動物のからだを模式図で見てみよう〕 右の図は，
ヒトの体内のようすをモデル化したものである。

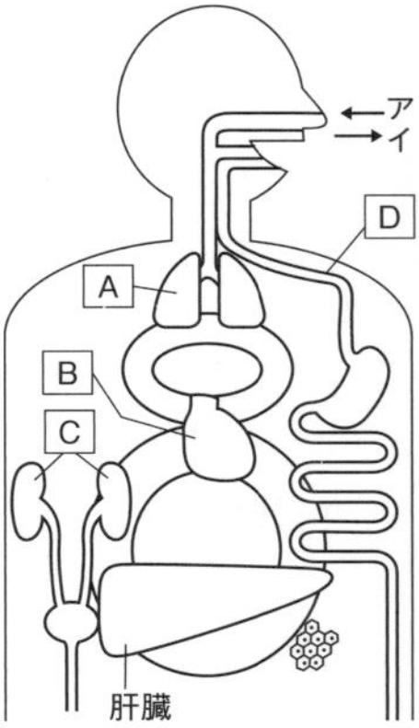

（1）Aは気体の交換を行う器官である。Aは何か。
(肺)

（2）Bは血液を送り出すポンプの役割をはたす器官
である。Bは何か。　　　　(心臓)

（3）Cは血液から不要な物質をとり除く器官である。
Cは何か。　　　　　　　(じん臓)

（4）気体ア，イの名称を答えよ。

ア(酸素) イ(二酸化炭素)

（5）気体アは血液中の何という成分によって全身へ
運ばれるか。　　(赤血球（ヘモグロビン）)

（6）Aには小さなふくろがたくさんある。このふくろを何というか。(肺胞)

（7）Cでとり除かれる不要な物質のうち，主なものは何か。　(尿素)

（8）Dの消化管を説明した以下の（　）に入る名称を答えよ。

口→食道→（ ① ）→（ ② ）→大腸→肛門 ①(胃) ②(小腸)

68

第4章 刺激と反応

1 刺激と反応

教 p.150〜p.153

■ 刺激の受けとりと感覚器官

- **感覚器官** 外界から刺激を受けとる器官。
  - 目　光は水晶体（レンズ）を通り，網膜の上に像を結ぶ。
  - 鼻　空気中のにおいの物質を受けとる。
  - 舌　味をもたらす物質を受けとる細胞が，舌全体に散らばっている。
  - 耳　音の振動は鼓膜に伝わり，それがうずまき管に伝わる。
  - 皮膚　物にふれた刺激を受けとる部分や，温度，痛み，圧力などの刺激を受けとる部分がある。
- **感覚神経** 感覚器官から中枢神経へ信号を伝える神経。

図解でチェック！

・ヒトの目のつくり

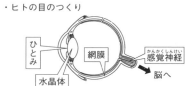

ひとみ／網膜／感覚神経　脳へ／水晶体

・ヒトの鼻のつくり

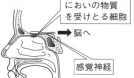

においの物質を受けとる細胞／脳へ／感覚神経

・ヒトの舌のつくり　・ヒトの耳のつくり

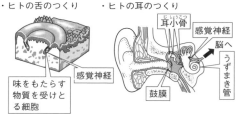

味をもたらす物質を受けとる細胞／感覚神経／耳小骨／感覚神経　脳へ／うずまき管／鼓膜

・ヒトの皮膚の断面のつくり

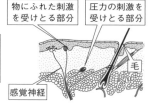

物にふれた刺激を受けとる部分／圧力の刺激を受けとる部分／毛／感覚神経

69

神経のはたらき　　　教 p.154〜p.157

要点

● **中枢神経** 脳やせきずいのこと。判断や命令を行う重要な役割をもつ。
● **末しょう神経** 中枢神経から枝分かれして全身に広がる神経。

神経系のまとめ

神経系	中枢神経	脳	多くの神経が集まっている場所。刺激に対してどのように反応するかを決める。
		せきずい	
	末しょう神経	**感覚神経**	感覚器官からの信号を中枢神経に伝える神経。
		運動神経	中枢神経が出した信号を筋肉などに伝える神経。

実験5

刺激に対するヒトの反応を確かめよう。

結論

・意識して起こる反応:

となりの人が手をにぎる → 皮膚が刺激を受けとる → 感覚神経 → 脳
→ 運動神経 → となりの人の手をにぎる

■ 反射

要点

● **反射** 刺激を受けて，意識とは無関係に決まった反応が起こること。
例　熱いものにさわって思わず手を引っこめた。

- **ヒトの神経系**

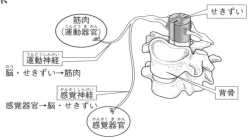

筋肉（運動器官）

せきずい

運動神経
脳・せきずい→筋肉

感覚神経
感覚器官→脳・せきずい

感覚器官

背骨

- **意識して起こす行動**

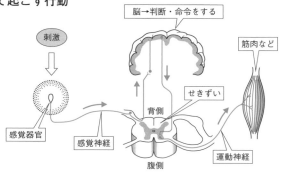

刺激

脳→判断・命令をする

筋肉など

感覚器官

感覚神経

せきずい

背側

腹側

運動神経

- **無意識に起こる反応（反射）**

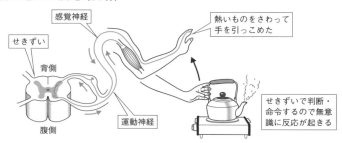

感覚神経

せきずい

背側

腹側

運動神経

熱いものをさわって手を引っこめた

せきずいで判断・命令するので無意識に反応が起きる

最重要 反射：感覚器官→感覚神経→せきずい→運動神経→運動器官

- ●骨　からだを支えるとともに，内臓・脳・せきずいなどを保護するためじょうぶな構造をしている。
- ●筋肉　さまざまなからだの部分の運動に関係している。細胞からできている。
- ●けん　骨につく筋肉の両端の部分。

ヒトの全身の骨と筋肉［発展内容］

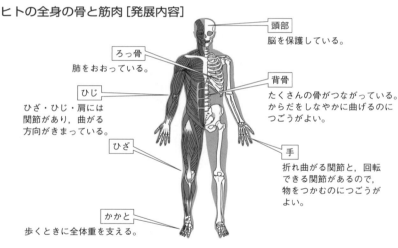

頭部
脳を保護している。

ろっ骨
肺をおおっている。

ひじ
ひざ・ひじ・肩には関節があり，曲がる方向がきまっている。

背骨
たくさんの骨がつながっている。からだをしなやかに曲げるのにつごうがよい。

ひざ

手
折れ曲がる関節と，回転できる関節があるので，物をつかむのにつごうがよい。

かかと
歩くときに全体重を支える。

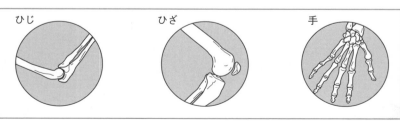

ひじ　　　　ひざ　　　　手

骨と筋肉の動き

▶ヒトのうでの骨と筋肉の動き

・うでを曲げているとき

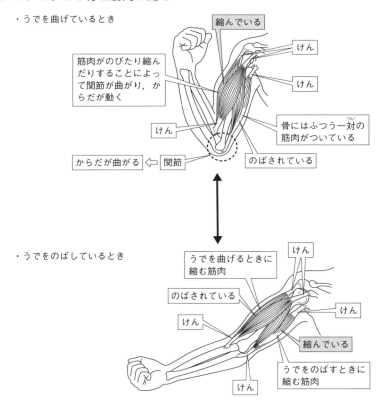

縮んでいる

けん

けん

筋肉がのびたり縮んだりすることによって関節が曲がり，からだが動く

骨にはふつう一対(つい)の筋肉がついている

けん

からだが曲がる ⇐ 関節

のばされている

・うでをのばしているとき

けん

うでを曲げるときに縮む筋肉

のばされている

けん

けん

縮んでいる

けん

うでをのばすときに縮む筋肉

けん

(注) 筋肉は，縮むことはできるが，自らのびることはできない。うでには，たがいに向き合うように2つの筋肉が骨を囲んでいて，どちらか1つが縮むと，もう1つがのばされる。これによって，うでを曲げたりのばしたりすることができる。

□外界の刺激を受けとる器官を何というか。 — 感覚器官

□光の刺激を受けとる器官はどこか。 — 目

□目のつくりで，光が通る部分はどこか。 — 水晶体

□目のつくりで，像を結ぶ部分はどこか。 — 網膜

□音の刺激を受けとる器官はどこか。 — 耳

□最初に音の振動の刺激を感じる部分はどこか。 — 鼓膜

□鼓膜を通った音は，音を伝える骨を通り，次にどこに伝えられるか。 — うずまき管

□においの刺激を受けとる器官はどこか。 — 鼻

□さわられたことや温度，圧力を感じとる器官はどこか。 — 皮膚

□味の刺激を受けとる器官はどこか。 — 舌

□刺激に対して判断や命令などを行う脳やせきずいなどを何というか。 — 中枢神経

□感覚器官からの信号を脳やせきずいに伝える神経を何というか。 — 感覚神経

□脳やせきずいが出した信号を筋肉などに伝える神経を何というか。 — 運動神経

□熱いものにさわって思わず手を引っこめるような反応を何というか。 — 反射

□反射の場合，感覚器官からの信号は，感覚神経→（　）→運動神経の順に送られて反応する。（　）に当てはまる語句は何か。 — せきずい

□からだを支えたり，内臓や脳などを保護したりするものを何というか。 — 骨

□骨と骨がつながっている部分を何というか。 — 関節

□関節が曲がったり，からだが動いたりするのは，何がのびたり縮んだりするからか。 — 筋肉

□筋肉は何からできているか。 — 細胞

□筋肉が骨とつながっている部分を何というか。 — けん

74

1〔刺激と反応〕 下の図は，耳，目，鼻，および皮膚の断面図である。

図1 　　図2 　　図3 　　図4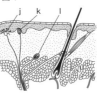

(1) 図1～3の⑦はどの器官につながっているか。　　　　（　　　脳　　　）

(2) 図1のaを何というか。　　　　　　　　　　　　　　（　　鼓　　膜　　）

(3) 図1のbを何というか。　　　　　　　　　　　　　　（　耳 小 骨　）

(4) 図1のcを何というか。　　　　　　　　　　　　　　（　うずまき管　）

(5) 図2のdを何というか。　　　　　　　　　　　　　　（　　網　　膜　　）

(6) 図2のeを何というか。　　　　　　　　　　　　　　（　水 晶 体　）

(7) 光が像を結ぶのは，図2のd～fのどこか。　　　　　（　　　d　　　）

(8) においを感じる部分は，図3のg～iのどこにあるか。（　　　h　　　）

(9) 圧力を感じる点は，図4のj～lのどこにあるか。　　（　　　l　　　）

(10) 物にふれた刺激を受けとる部分は，図4のj～lのどこにあるか。

（　　　k　　　）

2〔意識して起こる反応〕 図は，ヒトの神経の一部と，刺激の伝わり方を示したものである。

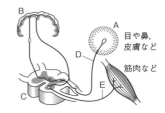

(1) Aの外界の刺激を受けとる部分を何というか。　　　（　感 覚 器 官　）

(2) Bの名称を書け。　　　（　　　脳　　　）

(3) Cはヒトのからだのどこにあるか。

（　　背　　骨　　）

(4) Cの名称を書け。　　　　　　　　　　　　　　　　（　せ き ず い　）

(5) D，Eの名称を書け。　　　D（　感 覚 神 経　）　E（　運 動 神 経　）

（6）「暑くなったので上着を脱いだ」という反応が起こるまでの道すじを，次のア～エから1つ選べ。

　　ア　B→C→E　　　イ　E→C→B→C→D

　　ウ　D→C→E　　　エ　D→C→B→C→E　　　　　（　エ　）

（7）「ボールが飛んできたので，危ないと思いよけた」というのは，「意識して起こす行動」か，「無意識に起こる反応」か。（　意識して起こす行動　）

3 〔無意識に起こる反応〕　図は，明るい方を向いたときと暗い方を向いたときの，目のようすを観察したスケッチである。

A　　　　　　B

（1）暗い方を向いたときのスケッチはA，Bのどちらか。　（　A　）

（2）ひとみの大きさが変わるように，自分で意識しないで起こる反応を何というか。　　　　　　　　　　　　　（　反射 はんしゃ ）

（3）（2）と同じ反応を，次のア～エから1つ選べ。　　　　（　ウ　）

　　ア　寒いので，コートを着た。

　　イ　車が近づいたので，自転車のブレーキをかけた。

　　ウ　ひざの下をたたいたら，足がはね上がった。

　　エ　ボールが飛んできたので，しっかりと受け止めた。

4 〔骨と筋肉の動き〕　図は，ヒトのうでのつくりを示したものである。

（1）A，Bは何か。　　　　　　　　　（　筋肉　）

（2）骨とA，Bをつなぐaの部分は何か。

　　　　　　　　　　　　　　　　　　（　けん　）

（3）うでを曲げるとき，A，Bはそれぞれどうなるか。下のア～エから1つ選べ。　　　　　　（　ウ　）

（4）うでをのばすとき，A，Bはそれぞれどうなるか。下のア～エから1つ選べ。　　　　　　（　ア　）

| ア　Aがのびて，Bが縮んでいる。 | イ　両方とものびている。 |
| ウ　Aが縮んで，Bがのびている。 | エ　両方とも縮んでいる。 |

□ 細胞（さいぼう） 　生物のからだをつくっている，小さな部屋のようなつくり。

□ 葉緑体（ようりょくたい） 　植物の細胞内にある緑色の粒で光合成を行う場所。

□ 核（かく） 　酢酸オルセインなどの染色液（せんしょくえき）でよく染まる。

□ 液胞（えきほう） 　植物の細胞に見られることが多い。

□ 気孔（きこう） 　葉の表皮にある三日月形の細胞である孔辺細胞（こうへんさいぼう）に囲まれたすきま。二酸化炭素や酸素，水蒸気の出入り口。

□ 細胞膜（さいぼうまく） 　細胞の外周を包む。

□ 細胞壁（さいぼうへき） 　植物の細胞にあり，細胞膜のさらに外側を囲む。

□ 細胞質（さいぼうしつ） 　細胞膜の内側で，核以外の部分。

□ 単細胞生物（たんさいぼうせいぶつ） 　1個の細胞でからだができている生物。

□ 多細胞生物（たさいぼうせいぶつ） 　多数の細胞が集まってからだができている生物。

□ 組織（そしき），器官（きかん），個体（こたい） 　細胞の集まりが組織。組織の集まりが器官。器官の集まりが個体。

□ 光合成（こうごうせい） 　植物が，緑色をした葉に光を受けて，デンプンなどの養分をつくるはたらき。光合成によってつくられたデンプンは，水にとけやすい物質に変化して，からだ全体の細胞に運ばれる。成長していくために使われるほか，果実，種子，茎，根などにたくわえられる。

□ 呼吸 　酸素をとり入れ，二酸化炭素を放出するはたらき。植物は1日中呼吸を行っているが，昼は光合成による気体の出入りの方が多い。

□ 吸水 　植物が根から水を吸い上げること。

□ 蒸散（じょうさん） 　植物が，水を水蒸気として気孔から大気中へ放出するはたらき。気孔の開閉（かいへい）によって，蒸散の量が調節される。

□ 道管（どうかん） 　維管束（いかんそく）のなかで，根から吸収された水や肥料分の通る管。水や水にとけた肥料分は道管を通ってからだ全体へ運ばれる。

□ 師管（しかん） 　維管束のなかで，葉でつくられた養分を通す管。養分は師管を通ってからだ全体へ運ばれる。

□維管束 （いかんそく）	道管や師管が束のようになった部分。トウモロコシなどの単子葉類では茎の中で維管束が全体に散らばっているが，ヒマワリなどの双子葉類では維管束が茎の中心を囲むように輪の形に並んでいるものがある。
□根毛 （こんもう）	根の先端にある白い綿毛のようなもの。根を土からぬけにくくし，根の表面積の増加によって，より多くの水や肥料分を吸収できるようになる。
□消化 （しょうか）	食物にふくまれる物質を吸収されやすい状態に分解すること。
□吸収 （きゅうしゅう）	消化された物質を体内にとりこむこと。
□消化酵素 （しょうかこうそ）	消化液にふくまれ，食物を分解し，吸収されやすい物質にする。
□アミラーゼ	だ液などにふくまれ，デンプンを麦芽糖などに分解する消化酵素。
□ペプシン	胃液にふくまれ，タンパク質を分解する消化酵素。
□リパーゼ	すい液中にふくまれ，脂肪を脂肪酸とモノグリセリドに分解する消化酵素。
□アミノ酸	タンパク質が分解されたもの。
□ベネジクト液	麦芽糖を検出する薬品。
□アンモニア	タンパク質が分解したときにできる有害な物質。
□柔毛 （じゅうもう）	小腸のかべのひだにある突起。消化された物質を吸収する。
□肺呼吸 （はいこきゅう）	空気からとりこまれた酸素と，血液中の二酸化炭素が，肺で交換される一連のはたらき。
□動脈血 （どうみゃくけつ）	酸素を多くふくみ，二酸化炭素の少ない血液。
□静脈血 （じょうみゃくけつ）	酸素が少なく，二酸化炭素を多くふくむ血液。
□細胞による呼吸	酸素を使って養分を分解し，エネルギーをとり出すこと。同時に二酸化炭素と水ができる。
□動脈 （どうみゃく）	心臓から送り出される血液が流れる血管。
□静脈 （じょうみゃく）	心臓にもどる血液が流れる血管。ところどころに弁があり逆流しないようになっている。
□毛細血管 （もうさいけっかん）	からだのあらゆる部分に張りめぐらされた，細い血管。

□**体循環** <ruby>たいじゅんかん</ruby>	心臓から肺以外の全身を通って心臓にもどる血液の流れ。
□**肺循環** <ruby>はいじゅんかん</ruby>	心臓から肺，肺から心臓という血液の流れ。
□**赤血球** <ruby>せっけっきゅう</ruby>	ヘモグロビンがふくまれていて，酸素を運ぶ。
□**白血球** <ruby>はっけっきゅう</ruby>	からだの外から侵入してきた細菌などの異物を分解して，からだを守る。
□**血しょう** <ruby>けっ</ruby>	血液の成分で，養分や不要な物質などを運ぶ透明な液体。
□**組織液** <ruby>そしきえき</ruby>	血しょうが毛細血管からしみ出たもの。血液と細胞の間で物質のやりとりのなかだちをする。
□**じん臓**	尿素をふくむ血液中から，尿素などの不要なものをとり除くはたらきをしている。
□**尿** <ruby>にょう</ruby>	じん臓で血液中からとり除かれる不要な物質を多くふくむ。
□**感覚器官** <ruby>かんかくきかん</ruby>	外界から刺激を受けとる部分。目や鼻など。
□**水晶体**	目のつくりで光の通る部分。
□**網膜**	目のつくりで像を結ぶ部分。
□**鼓膜**	耳で，最初に音を感じる部分。
□**舌**	味の刺激を受けとる部分。
□**中枢神経** <ruby>ちゅうすうしんけい</ruby>	脳やせきずいのこと。判断や命令を行う重要な役割を持つ。
□**末しょう神経** <ruby>まっ</ruby>	中枢神経から枝分かれして全身に広がる神経。
□**感覚神経** <ruby>かんかくしんけい</ruby>	感覚器官から中枢神経へ信号を伝える神経。
□**運動神経**	中枢神経から運動器官へ信号を伝える神経。
□**神経系**	中枢神経と末しょう神経をまとめたもの。
□**反射** <ruby>はんしゃ</ruby>	刺激を受けて，意識とは無関係に決まった反応が起こること。
□**せきずい**	反射の時，感覚神経から刺激を受けとり運動神経に伝える部分。
□**けん**	骨につく筋肉の両端の部分。
□**関節**	骨と骨をつなぐ部分。
□**皮膚**	さわられたことや，温度や圧力を感じる部分。
□**骨**	体を支えたり，内臓や脳を保護したりするはたらきをもつ。
□**筋肉**	体を動かすために伸び縮みする組織。

第1章 気象の観測

1 気象の観測

教 p.176〜p.181

●**気象** 大気の状態や，大気中で起こっているさまざまな現象。

観察1

• 学校内のいろいろな場所で気象観測をして，その結果をまとめよう。

• 観測場所を決め，継続観測を行い，データの変化と天気の変化に関係があるか調べよう。

基礎操作 気象観測のしかたと天気図の記号

①**天気**
雲量（空全体を10としたとき，雲がおおっている割合）を観測し，天気を判断する。

②**気温**
地上から約1.5mの高さのところで，温度計の球部に直射日光を当てないようにしてはかる。

湿度の求め方
乾球22℃ 湿球19℃のとき
示度の差 22−19＝3〔℃〕

湿度表

乾球の示度〔℃〕	乾球と湿球の示度の差〔℃〕				
	0.0	1.0	2.0	3.0	4.0
25	100	92	84		68
24	100	91	83		67
23	100	91	83		67
22				74	66
21	100	91	82	73	65
20	100	90	81	72	64

湿度は74%

③**湿度**（空気のしめりぐあい）
乾湿計を使い，乾球の示す温度（示度）と，乾球と湿球の示す温度の差から，湿度表で読みとる。（単位は%）

④**気圧**（空気の重さによる圧力）
気圧計で測定する。（単位はhPa：1気圧は約1013hPa）

⑤**風向**（風のふいてくる方向）
風向計やけむりのたなびく方向から調べ，16方位で表す。

例 南東からふく風：南東の風

⑥**風速**（風の速さ） 風速計で計測する。

⑦**風力**（風の強さ） 風力階級表を用いて，風力0〜12の13段階で判断する。

⑧**雨量** 雨量計にたまった水の深さ（mm）で表す。

天気図の記号

風

風向 ↘ ← 風力
（16方位で
表す）

天気 → ◎

風向：北西の風
風力：4

○の中で天気を表し，
矢の向きで風向，
矢ばねの数で風力を表す。

16方位

天気・風力を表す記号

天気	快晴	晴れ	くもり	雨	雪
記号	○	①	◎	●	⊗

風力	記号	風力	記号
0	○	5	○‒‒‒‒‒
1	○‒	6	○‒‒‒‒‒‒
2	○‒‒	7	○‒‒‒‒‒‒‒
3	○‒‒‒	8	○‒‒‒‒‒‒‒‒
4	○‒‒‒‒	12	○‒‒‒‒‒‒‒

結 論

校内での観測結果から

- 学校内では，どの場所から見ても雲量は同じで，天気は共通。
- 気温，湿度，風向，風力は，観測する場所によって異なる。
- 気温は，太陽の光が当たる場所では高く，当たらない場所では低い。
- 湿度は，地面が土の場所では高く，コンクリートの場所では低い。
- 結果は以下の表と図にまとめられる。

表1 各班の記録

場所	気温	湿度	風向	風力
A	12.1℃	43%	北	3
B	12.0℃	32%	北西	4
C	7.2℃	60%	北西	3
D	8.4℃	65%	北	3
E	9.0℃	73%	北	3
F	14.5℃	9%	東	3
G	12.2℃	32%	北	3
H	8.6℃	46%	北	2
I	9.8℃	52%	南	4
J	8.2℃	64%	北西	4
K	9.3℃	54%	北	3
L	10.9℃	27%	北西	3
M	11.0℃	19%	南	3
N	10.5℃	56%	北東	4

表2 場所による気圧のちがい

観測場所	気圧〔hPa〕
校舎1階	1010.7
校舎2階	1010.3
校舎3階	1010.0
校舎4階	1009.5

図 学校内の場所によるちがい

継続的な観測結果から

- 晴れの日の気温は朝から時間とともに上昇し，昼過ぎに最高気温に達する。気圧は高く，湿度は低い。
- 雨の日の気温は朝から変化が少ない。気圧は低く，湿度は高い。

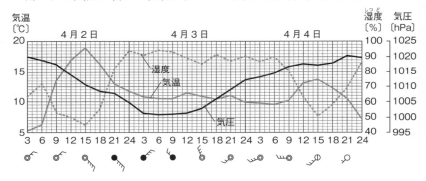

■ 天気と気象要素

- 天気と気象要素は関連して変化している。
- 天気の変化を知るために，気象要素を観測することは重要である。

2 大気圧と圧力　教 p.182～p.185

■ 大気圧

要点

- **大気圧**（気圧）　上空にある空気が地球上の物に加える，重力による圧力。あらゆる方向から同じようにはたらく。

■ 圧力

- **圧力**（あつりょく）　ふれ合う面を垂直におす，単位面積（1㎡や1㎠など）あたりの力の大きさ。
- 圧力の単位　**パスカル**（記号**Pa**），　1Pa＝1N/㎡
  気象情報などでは，hPa（ヘクトパスカル）で大気圧を表す。
  1hPa＝100Pa

絶対暗記

$$圧力〔Pa〕＝\frac{面を垂直におす力〔N〕}{力がはたらく面積〔m^2〕}$$

・・・・・・・・・ 図解でチェック ！ ・・・・・・・・・

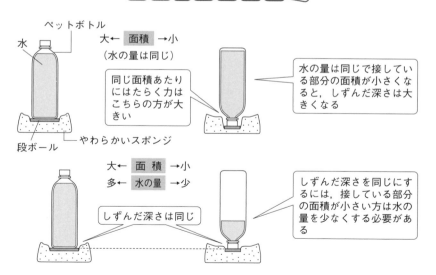

ペットボトル

水

大←　面積　→小
（水の量は同じ）

同じ面積あたりにはたらく力はこちらの方が大きい

段ボール　やわらかいスポンジ

水の量は同じで接している部分の面積が小さくなると，しずんだ深さは大きくなる

大←　面積　→小
多←　水の量　→少

しずんだ深さは同じ

しずんだ深さを同じにするには，接している部分の面積が小さい方は水の量を少なくする必要がある

83

> ● 高度 0 mにおける標準的な気圧 = 1013.25hPa ＝ 1 気圧
> 標高の高いところでは気圧が 1 気圧よりも小さくなる。

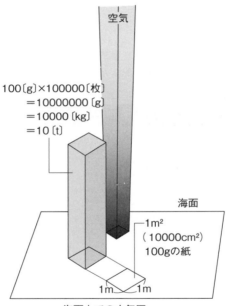

空気

100〔g〕×100000〔枚〕
＝10000000〔g〕
＝10000〔kg〕
＝10〔t〕

海面

1m²
（10000cm²）
100gの紙

1m　1m

海面上での大気圧

海面上では，1m²あたり100gの紙を約10万
枚重ねたときの圧力と同じ大きさの大気圧が
はたらいている。

気圧と風

3 気圧と風

教 p.186～p.189

> **要点**
> - **等圧線** 天気図上で，気圧の等しい地点を結んだ線。
> - **高気圧** 等圧線が閉じていて，中心部の気圧が周囲より高くなっている部分。
> - **低気圧** 等圧線が閉じていて，中心部の気圧が周囲より低くなっている部分。

■ 等圧線

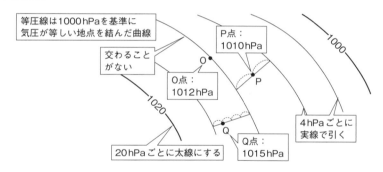

等圧線は1000hPaを基準に気圧が等しい地点を結んだ曲線

交わることがない

O点：1012hPa

P点：1010hPa

4hPaごとに実線で引く

20hPaごとに太線にする

Q点：1015hPa

- 高度の異なる地点で観測された値は，海面での値に換算して天気図にのせる。

■ 気圧と風

- 空気は，気圧の高いところから低いところへ移動して風を生じる。そのため，気圧は，風向，風力とのかかわりが強い。
- 等圧線の間隔がせまいところは，気圧の変化が急なので，空気の移動する速さが速くなり，強い風がふく。

85

■ 高気圧・低気圧と風

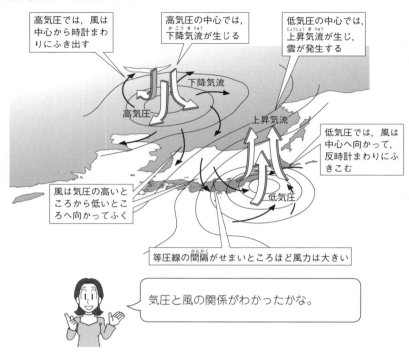

高気圧では，風は中心から時計まわりにふき出す

高気圧の中心では，下降気流が生じる

低気圧の中心では，上昇気流が生じ，雲が発生する

下降気流

高気圧

上昇気流

低気圧では，風は中心へ向かって，反時計まわりにふきこむ

風は気圧の高いところから低いところへ向かってふく

低気圧

等圧線の間隔がせまいところほど風力は大きい

気圧と風の関係がわかったかな。

4 水蒸気の変化と湿度

 教 p.190〜p.196

要点

● **露点** 空気にふくまれる水蒸気が凝結し始めるときの温度。
● **飽和水蒸気量** 1 m³の空気がふくむことのできる水蒸気の最大質量。気温が高いほど，飽和水蒸気量は大きい。
● **霧** 空気中の水蒸気が水滴になって，地表付近にうかんでいる現象。

実験1 室温に近くした水の入ったコップに，氷水を入れてみよう。

*金属製のコップ　金属は熱をよく伝えるので，コップ内の水温変化がすぐにコップ外の空気に伝わる。

→ コップ内の水温 = コップの表面の空気の温度

結果・結論

• コップの表面についた水滴は，コップに接する空気が冷やされて，空気中の水蒸気が水滴になったもの。

■ 露点

• コップの表面に水滴ができ始めたときの水温 = 露点

■ 飽和水蒸気量

• 1m³の空気がふくむことのできる水蒸気の最大質量＝飽和水蒸気量

• 空気が冷やされて，気温が露点以下になると，空気中にふくみきれなくなった水蒸気は，水滴となる。地上付近で気象現象としてこれが起こると霧となる。

■湿度

要点
● 湿度〔%〕＝ $\dfrac{1m^3の空気にふくまれる水蒸気の質量〔g/m^3〕}{その空気と同じ気温での飽和水蒸気量〔g/m^3〕}$ × 100

気温と飽和水蒸気量との関係

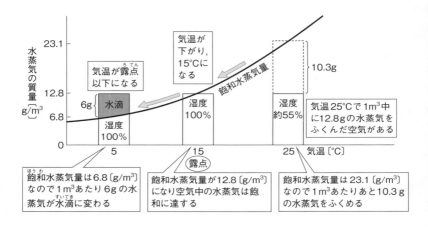

湿度と露点の関係

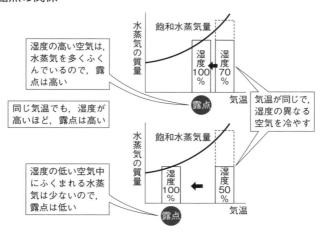

(注) 露点は気温とは関係なく、空気中にふくまれる水蒸気の質量によって決まる。

□面を垂直におす単位面積あたりの力の大きさを何というか。　　圧力

□下の図で，スポンジのへこみが大きいのはA，Bのど　　B
ちらか。

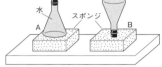

□接している部分の面積が大きくなると，圧力はどうなるか。　　小さくなる

□圧力には何という単位が使われるか。記号で書け。　　Pa（N/cm², N/m²）

□下の（　　）に入ることばは何か。　　力がはたらく面積

$$圧力 = \frac{面を垂直におす力}{（　　　　　　　　）}$$

□底面積0.5 m²で30 Nの重力がかかる板がゆかの上に置　　60Pa
いてある。ゆかにかかる圧力は何Paか。

□地球の表面では，空気の重さによって圧力を受ける。　　大気圧（気圧）
この空気の圧力を何というか。

□高度0 mにおける標準的な気圧の大きさは何hPaか。　　1013.25hPa

□気圧の等しい地点を結んだ曲線を何というか。　　等圧線

□1000hPaを基準に，4hPaごとに等圧線を引くとき，太　　20hPaごと
い線は何hPaごとに引くか。

□中心部の気圧が周囲より高くなっている部分を何とい　　高気圧
うか。

□中心部の気圧が周囲より低くなっている部分を何とい　　低気圧
うか。

□高気圧の中心には，上昇気流と下降気流のどちら　　下降気流
が生じるか。

□低気圧の中心には，上昇気流と下降気流のどちらが生　　上昇気流
じるか。

□やかんから出る湯気は，何が水滴に変化したものか。　　水蒸気

□冬に暖房を使用している部屋の窓ガラスについた水滴は，何が変化したものか。 | 空気中の水蒸気

□1m³の空気がふくむことのできる限度の水蒸気の質量を何というか。 | 飽和水蒸気量

□水蒸気が水に変わることを何というか。 | 凝結

□露点では，空気中の水蒸気はどのような状態になっているか。 | 飽和状態

□露点を求めるため，金属製のコップにくみおきの水を入れ，氷水を少量ずつ入れかき混ぜながら，水温をはかった。コップがどのようになったときの温度が露点を表すか。 | コップの表面がくもり始めたとき

□空気のしめりぐあいのことを何というか。 | 湿度

□$\dfrac{1m^3の空気にふくまれる水蒸気の質量〔g/m^3〕}{その空気と同じ気温での飽和水蒸気量〔g/m^3〕} \times 100$ は，何を求める式か。 | 湿度

□湿度は，1m³の空気にふくまれる水蒸気の質量を，何に対する割合として表したものか。 | 飽和水蒸気量

□気温が同じ2つの空気のうち，露点が高く，水滴ができやすいのは，湿度の高い空気か，湿度の低い空気か。 | 湿度の高い空気

□気温がちがっていても露点が同じ2つの空気は，ふくんでいる水蒸気の量が同じといえるか，いえないか。 | いえる

 定期テスト対策

1 〔気象の観測〕 下の図は，4月11日～13日の気温，湿度の変化のグラフである。

（1）気温の変化は，A，Bのどちらか。（　A　）

（2）天気が雨と考えられるのは何日か。（　13日　）

（3）グラフから，気温の変化と湿度の変化について，どのようなことがわかるか。

「気温が上がると湿度は（　低く　）なり，気温が下がると湿度は（　高く　）なる。」

2〔面にはたらく力〕　図1は200Nの重力がはたらく直方体である。

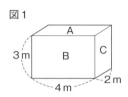

図1

（1）この直方体を図2のア〜ウのように置いたとき，圧力が最も大きくなるのはどれか。（　ウ　）

（2）図2のアの場合に，ゆかが受ける圧力は何Paか。

2〔m〕× 4〔m〕= 8〔m²〕

200〔N〕÷ 8〔m²〕= 25〔Pa〕

（　25Pa　）

図2

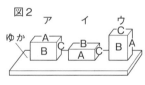

3〔大気中の圧力〕　右の図のように，プラスチックの注射器に発泡ポリスチレンの立方体を入れ，ピストンをおした。

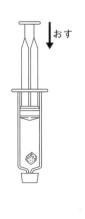

（1）このとき，注射器内の圧力はどうなるか。

（　大きくなる　）

（2）発泡ポリスチレンの立方体の体積はどうなるか。

（　小さくなる　）

（3）発泡ポリスチレンへの圧力のかかり方で，正しいものを選べ。

ア　　　　　　イ　　　　　　ウ

（　ア　）

4〔気圧と風〕 右の図は，高気圧と低気圧と
風のようすを模式的に表したものである。

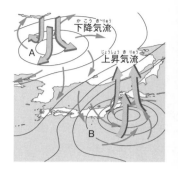

（1）図のAは，高気圧か，低気圧か。
（　高　気　圧　）
（2）Aの中心付近の気圧は周囲より高いか，
低いか。　　　　　　（　高　　い　）
（3）図のBは，高気圧か，低気圧か。
（　低　気　圧　）
（4）Bの中心付近の気圧は周囲より高いか，
低いか。　　　　　　（　低　　い　）
（5）風はA，Bのどちらからどちらの向きにふくか。　　　　（　A から B　）

5〔飽和水蒸気量〕 右の図のように，くみおきの水の
入った金属製のコップに氷水を入れたところ，15℃
になったときコップの表面がくもり始めた。表は，
気温と飽和水蒸気量の関係を表している。ただし，
この実験は，室温25℃の室内で行ったものとする。

気温〔℃〕	5	10	15	20	25	30
飽和水蒸気量〔g/m³〕	6.8	9.4	12.8	17.3	23.1	30.4

（1）コップの表面がくもり始めたときの温度を何というか。　（　露　点　）
（2）室内の空気は，1 m³あたり何gの水蒸気をふくんでいるか。（　12.8 g　）
（3）室内の空気は，1 m³あたり，あと何gの水蒸気をふくむことができるか。
（　10.3 g　）
（4）この室内の湿度は何％か。小数第1位を四捨五入して求めよ。（　55 %　）
（5）このコップにさらに氷水を入れたところ，温度計は5℃を示した。この
とき，1 m³あたり何gの水蒸気が水滴となるか。　　（　6.0 g　）
（6）水蒸気の量は変わらないものとして，室温が30℃の室内で同じ実験を行っ
たとき，コップの表面がくもり始める温度は何℃か。　　（　15℃　）

第2章 雲のでき方と前線

1 雲のでき方

教 p.198〜p.201

実験2 気圧・気温の変化と，雲のできる関係を調べる。

• ビニルぶくろの中に少量の水と，線香のけむりを入れて口を閉じ，簡易真空容器の中の空気をぬく。

気圧計…圧力は低くなる
デジタル温度計…温度は低くなる
ビニルぶくろ…ふくらむ，白くくもる

*容器内の空気をぬく → 容器内の気圧が下がり，容器内の空気は膨張

結論 ビニルぶくろ内がくもったのは，ビニルぶくろ内の空気が膨張して温度が下がり，水蒸気が凝結して水滴ができたからである。

■ 雲のでき方と雨や雪

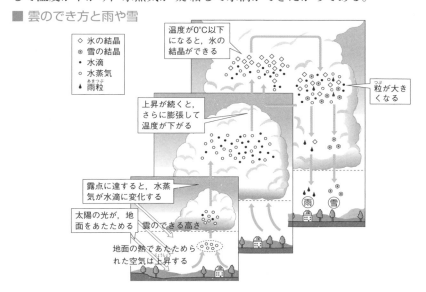

◇ 氷の結晶
⊛ 雪の結晶
• 水滴
○ 水蒸気
♠ 雨粒

温度が0℃以下になると，氷の結晶ができる

粒が大きくなる

上昇が続くと，さらに膨張して温度が下がる

露点に達すると，水蒸気が水滴に変化する

太陽の光が，地面をあたためる

雲のできる高さ

雨 雪

地面の熱であたためられた空気は上昇する

● 上昇した空気は，上空の気圧が低いために膨張し，空気の温度
は低くなる。
● 雲は，空気中の水蒸気が上空で変化した水滴や氷の粒でできている。

〈上昇気流のでき方〉

山の斜面にそって上昇する	太陽の光によってあたためられた空気が上昇	あたたかい空気が冷たい空気の上にはい上がる

■ 水の循環

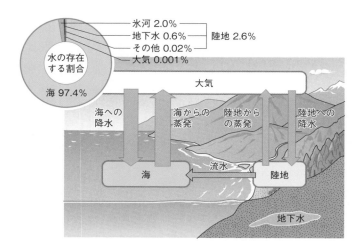

・地球表面の水は，太陽の光（太陽のエネルギー）によってあたためられ，海や湖，川，地面などから蒸発して水蒸気になり，大気中に広がる。水蒸気は，凝結（ぎょうけつ）して雲になり，さらに雨や雪となって，再び地球表面へもどってくる。このような**水の循環**（みず じゅんかん）が，生物の生命活動を支えている。

2 気団と前線

教 p.202〜p.208

■ 気団と前線

● **気団**（きだん）　気温や湿度が一様な空気のかたまり。
● **前線面**（ぜんせんめん）　寒気（冷たい空気のかたまり）と暖気（だんき）（あたたかい空気のかたまり）など，気温や湿度などの性質の異なる空気のかたまりが接したときにできる境界面。
● **前線**（ぜんせん）　前線面が地表に接しているところ。

■ 前線の種類

● **寒冷前線**（かんれいぜんせん）　寒気が暖気の下にもぐりこんだときにできる前線。
● **温暖前線**（おんだんぜんせん）　暖気が寒気の上にはい上がったときにできる前線。
● **閉そく前線**（へい ぜんせん）　寒冷前線が温暖前線に追いついてできる前線。
● **停滞前線**（ていたいぜんせん）　寒気と暖気がぶつかり合い，ほとんど位置が動かない前線。

前線の種類

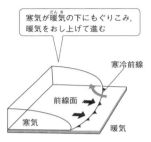

寒気が暖気の下にもぐりこみ，暖気をおし上げて進む

暖気が寒気の上にはい上がり，寒気をおしながら進む

寒冷前線

温暖前線

前線面

前線面

寒気

暖気

暖気

寒気

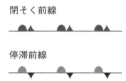

閉そく前線

停滞前線

- 寒冷前線と温暖前線では，どちらも暖気が寒気の上になる。
- 停滞前線はほとんど動かない。

■ 前線と雲

- 暖気が上昇する前線付近では雲が多くなる。

■ 温帯低気圧と前線

- 中緯度帯で発生し，前線をともなう低気圧は，**温帯低気圧**とよばれる。日本列島付近では，温帯低気圧の南東側に温暖前線，南西側に寒冷前線ができることが多い。温帯低気圧は，西から東へ進みながら発達する。

■ 温暖前線と天気の変化

- 温暖前線では，暖気が寒気の上にはい上がり，ゆるやかに上昇するため，広範囲に乱層雲や高層雲などの層状の雲ができる。そのため，弱い雨が長時間降り続くことが多い。温暖前線の通過後は南寄りの風がふき，暖気におおわれて気温は上がる。

- 寒冷前線では，寒気が暖気を上空におし上げているため，強い上昇気流が生じ，積乱雲（せきらんうん）が発達する。そのため，強い雨が短時間に降り，強い風がふくことが多い。寒冷前線の通過前は南寄りの風がふくが，通過後は北寄りの風がふき，寒気におおわれて気温は低くなる。

■ 閉そく前線

- 寒冷前線は温暖前線より移動する速さが速いので，寒冷前線はやがて温暖前線に追いついて重なり合って閉そく前線となる。
- 閉そく前線ができて，地表が寒気におおわれると，上昇気流が発生しなくなるため温帯低気圧は衰退（すいたい）する。

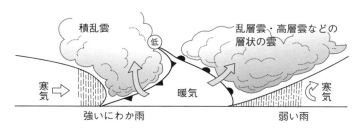

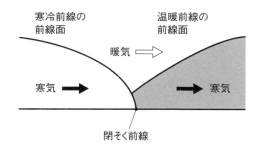

□簡易真空容器の中の空気をぬくと気圧はどうなるか。　下がる

□簡易真空容器の中に口を閉じたビニルぶくろを入れて,　ふくらむ
　容器の空気をぬくとビニルぶくろはどうなるか。

□上記のビニルぶくろの中を水でしめらせ,線香のけむ　白くくもる
　りを入れて,空気をぬくと,ふくろの中はどうなるか。

□地上からの高度が上がるにつれて,気圧はどうなるか。　下がる

□上昇した空気のかたまりは,上空にいくにつれて膨張　膨張する
　するか,圧縮されるか。

□空気が膨張すると,温度は上がるか,下がるか。　下がる

□空気が上昇すると,温度は上がるか,下がるか。　下がる

□水滴や氷の粒が集まって,上空でうかんでいるものを何と　雲
　いうか。

□空気が上昇してある温度に達すると,水蒸気が水滴と　露点
　なり雲ができる。この温度を何というか。

□気温が何℃以下になると,氷の粒ができてくるか。　0℃

□雲のできる高さは,空気の湿度によって変わるか。　変わる

□空気中の水蒸気が凝結するときに,核となるものは主　小さなちり
　に何か。

□雲ができるのは,上昇気流が生じるところか,下降気　上昇気流が生じ
　流が生じるところか。　るところ

□太陽の光によって地面があたためられると上昇気流が　上昇気流
　できるか,下降気流ができるか。

□地球表面の水が,水蒸気になって上昇し,雲となり,　水の循環
　さらに雨や雪となって再び地表へもどってくる。
　このような水の移動を何というか。

□地球表面の水が蒸発するのは,何によってあたためら　太陽の光(太陽
　れるからか。　のエネルギー)

□気温や湿度が一様な空気の大きなかたまりを何という か。	気団
□寒気と暖気のかたまりが接しているときの境界面を何 というか。	前線面
□前線面が地表に接しているところを何というか。	前線
□冷たい空気とあたたかい空気とでは，どちらの方が密 度が大きいか。	冷たい空気
□寒気が暖気の下にもぐりこむようにしてできる前線を 何というか。	寒冷前線
□暖気が寒気の上にはい上がるようにしてできる前線を 何というか。	温暖前線
□強い雨をせまい範囲に降らせる前線は何か。	寒冷前線
□弱い雨を広い範囲に降らせる前線は何か。	温暖前線
□右の前線は何か。	温暖前線
□温暖前線の上空に発達する雲は，乱層雲か，積乱雲か。	乱層雲
□右の前線は何か。	寒冷前線
□寒冷前線の上空に発達する雲は，乱層雲か，積乱雲か。	積乱雲
□中緯度帯で発生し前線をともなう低気圧を何というか。	温帯低気圧
□低気圧が発達しながら日本付近を移動するとき，中心 の気圧は高くなるか，低くなるか。	低くなる
□日本付近で，低気圧から温暖前線，寒冷前線がのびて いるとき，南東側にあるのはどちらの前線か。	温暖前線
□温暖前線が通過すると，気温は上がるか，下がるか。	上がる
□寒冷前線が通過すると，気温は上がるか，下がるか。	下がる

1〔雲のでき方〕 図のように，フラスコ，大型注射器，温度計などを使用して，雲ができるようすを調べる実験を行った。

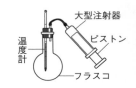

大型注射器
ピストン
温度計
フラスコ

（1）図において，フラスコ内を白くくもらせるための操作について述べた文として最も適切なものを次のア〜エから選べ。

ア　フラスコの内面を乾燥させ，ピストンを急におす。

イ　フラスコの内面を乾燥させ，ピストンを急に引く。

ウ　フラスコの内面を水でぬらし，ピストンを急におす。

エ　フラスコの内面を水でぬらし，ピストンを急に引く。　（　エ　）

（2）この実験をもとに，雲のできる原因について述べた次の文の（　）に語句を入れよ。

「上空は気圧が（　低い　）ので，上昇した空気が（　膨張　）して温度が（　下がる　）から」

2〔水の循環〕 右の図は地表での水の循環を表したものである。以下の説明文の（A）〜（D）にあてはまる言葉を入れなさい。

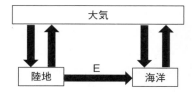

大気
陸地　E　海洋

（1）地表の水の一部は（A）のエネルギーを受けて蒸発し，（B）となって大気中に移動する。そうしてできた大気中の（B）は，（C）をつくり，（D）となって地球表面にもどる。これを水の循環という。

A（　太陽　）　B（　水蒸気　）　C（　雲　）　D（　雨や雪　）

（2）Eの矢印はどのような形で水が輸送されているか。

（　河川などによる流水の形で輸送されている　）

（3）地球上にある水のうち，陸地にあるのはおよそどのくらいか。次のうちから，もっとも適当なものを選べ。

0.026％　　0.26％　　2.6％　　26％　　　　　　　（　2.6％　）

3〔前線の種類〕

右の図は，前線の断面の模式図である。

（1）温暖前線を表しているのはA，Bの
どちらか。　　　　（　B　）

（2）a〜dのうち，寒気を2つ選べ。　　　　　　　　（　a，d　）

（3）eの雲は何か。　　　　　　　　　　　　　　　（　積乱雲　）

（4）通過にともないおだやかな雨が降るのはA，Bのどちらか。　（　B　）

4〔温帯低気圧と前線〕　右の図は，ある日の日本

付近の天気図である。

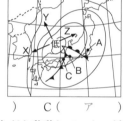

（1）地点Aの天気は何か。　　　　　（　雨　）

（2）地点B，Cの天気は，数時間後どのように
変わるか。次のア〜ウから1つずつ選べ。

ア　雨がやみ，晴れる　　イ　雨が降り続ける

ウ　雨が降りだす　　　　　　B（　ウ　）　　C（　ア　）

（3）次の日の天気図を見たところ，低気圧は発達しながら移動していた。低
気圧が移動した方向はX，Y，Zのどの方向か。　　　　（　Z　）

（4）（3）のとき，低気圧の中心の気圧はどのように変化したか。次のア，イ
から選べ。　　ア　高くなる　イ　低くなる　　　　（　イ　）

気圧や温度と天気の関係が理解できたかな。

大気の動きと日本の天気

1 大気の動きと天気の変化

教 p.210～p.211

■ 偏西風

要点

● **偏西風**　中緯度地域の上空を西から東へふく風。

- 日本列島付近では，西から東へ向かって，大気の動きのひとつである偏西風がふいている。

■ 地球規模の大気の循環

- 地球の大気は，太陽のエネルギーなどの影響を受けて，常に循環し活発に動いている。

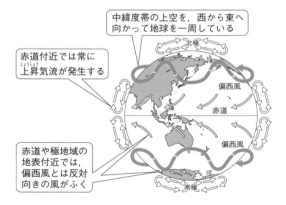

中緯度帯の上空を，西から東へ向かって地球を一周している

赤道付近では常に上昇気流が発生する

赤道や極地域の地表付近では，偏西風とは反対向きの風がふく

北極

偏西風

赤道

偏西風

南極

■ 気象現象が起こるところ

- 大気の下層のごく一部で気象現象が起こる。

> **要点**
> ● **季節風** 大陸と海のあたたまり方のちがいによって，日本列島付近
>   では，冬は北西の風がふき，夏は南東の風がふく。
> ● **海陸風** 海に面した地域では，夜は陸から海へ，昼間は海から陸へ
>   風がふく。

■ 季節風／冬と夏の季節風

■ 海陸風

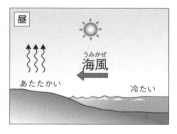

- 海陸風は，風向が1日のうちで変化する。
- 海風と陸風が入れかわる朝方や夕方には，風が止まる時間帯があり，こ
  れをなぎという。

103

■ 日本列島周辺の気団

要点

- ●冬の天気　ユーラシア大陸に**シベリア高気圧**が発達し，**シベリア気団**ができる。西高東低の冬型の気圧配置になり，冷たく乾燥した北西の季節風がふく。→ 日本海側では雪，太平洋側では乾燥した晴れ。
- ●夏の天気　太平洋上に**太平洋高気圧**が発達し，**小笠原気団**ができる。→ 高温多湿で晴れることが多い。
- ●春と秋の天気　西から**移動性高気圧**と低気圧が交互にやってきて，天気は長続きしにくい。

■ 冬の天気

シベリア気団

オホーツク海に低気圧

大陸にシベリア高気圧

冷たく乾燥した北西の季節風が日本海上であたためられ，上昇流が生じて，日本海側に雪を降らせる。

高 1042　低 992　120° 130° 140° 150° 2000年1月21日12時

■ 夏の天気

太平洋高気圧

太平洋高気圧からのあたたかくしめった南寄りの風がふく。→むし暑い天気

1020　高　120° 130° 140° 150° 2000年8月10日12時

■ 春と秋の天気

高気圧　温帯低気圧　温帯低気圧

移動性高気圧と低気圧が交互に通過。→天気は短い周期で西から東へ変化。

高 1014　低 1004　低 1004　低 1000　高 1016　120° 130° 140° 150° 2000年5月18日12時

- ●**つゆ（梅雨）** 南の暖気団と北の寒気団の間に停滞前線ができて，雨やくもりの日が多くなる時期のこと。初夏にできる停滞前線は**梅雨前線**，夏の終わりにできる停滞前線は**秋雨前線**という。

- ●停滞前線付近では厚い雲ができ，さらに停滞前線の動きがゆっくりなので，長時間にわたり雨が降り続くことが多い。

- ●**台風** 夏から秋にかけて日本付近にやってくる，激しい風雨をともなう熱帯低気圧（最大風速が約17m/s以上のもの）。

台風は，太平洋高気圧のへりにそって進み，偏西風の影響によって東寄りに進路を曲げられる。

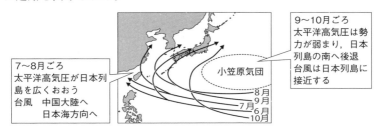

7〜8月ごろ
太平洋高気圧が日本列島を広くおおう
台風　中国大陸へ
　　　日本海方向へ

9〜10月ごろ
太平洋高気圧は勢力が弱まり，日本列島の南へ後退
台風は日本列島に接近する

小笠原気団

8月
9月
7月
6月
10月

4 天気の変化の予測

教 p.218〜p.221

実習1

気象情報を読みとり，翌日の天気を予想してみよう。

天気の予想をしてみる

　①情報を集める。　　②天気を予想する。　　③レポートを作成する。
　④天気予報を発表する。　　⑤結果を検証する。

年間降水量

- 日本列島は，ユーラシア大陸と太平洋の影響を受ける場所にあり，低気圧や前線，台風などが通過することが多いため，年間降水量が多い。

気象現象によるめぐみ

- 豊かな森林，美しい景観，農業用水・飲料水の確保，川が運ぶ土砂による肥沃な平野など。

■ 過去の気象災害から学ぶ

▶梅雨前線による長雨や発達した台風による豪雨

- 土砂くずれや洪水の被害など。

▶短時間に強く降る雨

- 都市部の地下街や低い場所の浸水など。

▶台風や発達した低気圧

- 竜巻による強い風など。

▶積乱雲による雷

- 落雷による火事や停電など。

▶大雪や暴風雪

- 交通障害や雪崩など。

■ 気象災害に対応するために

▶大雨による洪水や土砂くずれ対策

- 川に堤防やダムをつくり，傾斜が急な場所はコンクリートで固め，堰堤をつくる。

- ハザードマップ（その地域で災害が発生すると予想される範囲と避難経路がまとめられた地図）を公表する。

▶大雨や暴風，高潮，洪水から身を守るための情報

- 気象庁から特別警報や警報，注意報が発表される。市町村が出す避難情報。

□日本付近の上空を西から東へ向かってふく風を何というか。	偏西風
□冬の季節風は，大陸と海のどちらからどちらに向かってふくか。また，それは大陸と海のどちらが冷えるからか。	大陸から海
	大陸
□夏の季節風は，大陸と海のどちらからどちらに向かってふくか。また，それは大陸と海のどちらがあたたまるからか。	海から大陸
	大陸
□海から陸に向かってふく風を何というか。また，その風は昼間にふくか，夜にふくか。	海風
	昼間
□陸から海に向かってふく風を何というか。また，その風は昼間にふくか，夜にふくか。	陸風
	夜
□海風と陸風が入れかわるとき，風が止まる。この状態を何というか。	なぎ
□冬に大陸で発達する高気圧は何か。	シベリア高気圧
□冬の時期に特徴的な気圧配置を答えよ。	西高東低
□春と秋に日本列島を通過する高気圧は何か。	移動性高気圧
□移動性高気圧はどちらからどちらの方角に移動するか。	西から東
□夏に日本付近をおおう高気圧を何というか。	太平洋高気圧
□夏から秋に日本付近を通過する発達した熱帯低気圧を何というか。	台風
□日本列島付近まで北上した台風は，何によって東寄りに進路を変えるか。	偏西風
□寒気と暖気の勢力がつり合って，長時間動かない前線を何というか。	停滞前線
□右の前線は何か。	停滞前線
□梅雨のころ，日本付近にできる停滞前線を何というか。	梅雨前線
□冬にユーラシア大陸から太平洋に向かい，夏には太平洋からユーラシア大陸にふく風を何というか。	季節風

1〔日本の天気の特徴〕 図1と図2はそれぞれ日本のある季節の代表的な気圧配置を示している。

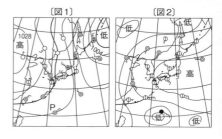

(1) 図はどの季節のものか。

   図1（ 冬 ） 図2（ 夏 ）

(2) 図が示す季節の天気の特徴を次のア〜エから，また，その季節に日本付近にふく季節風の風向を答えよ。

　図1（ ウ ， 北西 ）

　図2（ ア ， 南東 ）

ア 高温・多湿で晴れることが多い。

イ 日本付近を移動性高気圧や低気圧が通過する。

ウ 西高東低の気圧配置になる。

エ 日本付近に停滞前線が現れ，雨の日が多くなる。

2〔天気の変化の予測〕 下の2枚の天気図を用いて，天気の変化について予測する。

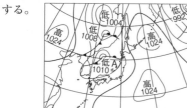 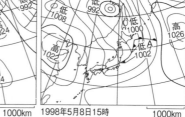

(1) Aの低気圧は，どの方角へ移動したか。16方位で答えよ。　（ 東北東 ）

(2) 5月8日15時ごろの東京の天気をア〜エから1つ選べ。　（ エ ）

ア おだやかな雨が降り続く。気温は上がる。

イ 乱層雲や高層雲がしだいに広がるが，雨は降らない。気温は下がる。

ウ 風向きが急に変わり，晴れる。気温は上がる。

エ 急に雨が降りだすが，すぐに天気は回復する。気温は下がる。

□**圧力**	単位面積（1 m²や1 cm²など）あたりの面を垂直におす力。
□**パスカル**	圧力の大きさの単位。1Pa = 1N/m²。
□**圧力の公式**	圧力[Pa] = $\dfrac{面を垂直におす力[N]}{力がはたらく面積[m^2]}$
□**大気圧（気圧）**	上空にある空気が地球上の物に加える，重力による圧力。海面（高さ0 m）での大気圧は約1000hPa（1気圧）。
□**気温**	大気の温度。地上から約1.5mの高さのところで測定する。単位は℃。
□**湿度** _{しつど}	空気のしめり具合い。乾湿計_{かんしつけい}を使って測定する。単位は%。 $\dfrac{1 m^3 の空気にふくまれる水蒸気の質量[g/m^3]}{その空気と同じ気温での飽和水蒸気量[g/m^3]} \times 100$
□**風向**	風のふいてくる方位。
□**風力**	風の強さ。
□**風速**	風の速さ。
□**等圧線**	気圧の等しい地点を結んだ曲線。
□**高気圧**	等圧線が閉じていて，中心部の気圧が周囲より高くなっている部分。
□**低気圧**	等圧線が閉じていて，中心部の気圧が周囲より低くなっている部分。
□**気圧の変化と天気**	いっぱんに，気圧がまわりより低くなるとくもりや雨になることが多く，気圧がまわりより高くなると晴れることが多い。
□**凝結** _{ぎょうけつ}	水蒸気_{すいてき}が水滴に変わること。
□**露点** _{ろてん}	空気にふくまれる水蒸気が凝結し始めるときの温度。
□**飽和水蒸気量** _{ほうわ}	1 m³の空気がふくむことのできる水蒸気の最大質量。気温が高いほど大きくなる。
□**霧**	空気中の水蒸気が水滴になって，地表付近にうかんでいる現象。

□雲のでき方	上昇した空気が膨張し，気温が露点まで下がると空気中の水蒸気が凝結し，雲ができる。雨は水滴がそのまま落ちてきたり，上空の氷の粒が落ちてくるとちゅうでとけて水滴になったりしたもの。雪は上空の氷の粒が，とちゅうでとけずに地面に落ちてきたもの。
□水の循環	地球表面の水が水蒸気となって上昇し，雲となり，さらに雨や雪となって再び地表へもどってくること。
□気団	気温や湿度が一様な空気の大きなかたまり。
□前線面	気温や湿度などの性質の異なる空気のかたまりの境界面。
□前線	前線面が地表に接しているところ。
□寒冷前線	寒気が暖気の下にもぐりこんでできる前線。▲▲▲▲ 積乱雲が発達し，強い雨を降らす。
□温暖前線	暖気が寒気の上にはい上がってできる前線。●●● 層状の雲が発達し，弱い雨を降らす。
□閉そく前線	寒冷前線が温暖前線に追いついてできる前線。▲●▲●▲●
□停滞前線	寒気と暖気の勢力がつり合って長時間動かない前線。▲▼▲▼
□梅雨前線	梅雨のころに日本付近にでき，雨を降らせる停滞前線。
□温帯低気圧	中緯度帯で発生し，寒冷前線と温暖前線をともなう低気圧。
□シベリア高気圧	冬にユーラシア大陸が冷やされることで発生する高気圧。日本に北西の季節風をもたらし，日本海側は雪，太平洋側は晴れの天気になる。
□移動性高気圧	春と秋に日本列島を西から東に通過する高気圧。移動性高気圧と低気圧が交互に移動するため，天気は周期的に変化する。
□台風	熱帯低気圧のうち，中心付近の最大風速が秒速約17m以上のもの。
□偏西風	中緯度地域の上空にふいている強い西風。この風のために，日本の天気は西から東に変化しやすい。
□季節風	日本付近では，冬は北西の風がふき，夏は南東の風がふく。
□海陸風	海岸付近では，夜は陸から海へ，昼は海から陸へ風がふく。

第1章 静電気と電流

1 静電気と放電

教 p.238〜p.241

> **要点**
> ● **静電気** 物体の電気のバランスがくずれ，＋や－の電気を帯びた状態が現れた電気。物体どうしをこすり合わせると，物体の表面近くの－電気が一方の物体の表面に移動する。
> ● **帯電** 物体が電気を帯びること。
> ● **静電気の性質** 同種の電気（＋どうし，－どうし）は反発し合い，異種の電気（＋と－）は引き合う。

実験1 ストローを紙ぶくろにこすり合わせて静電気を発生させて動きを観察し，静電気による力のはたらきを調べる。

結果

・ストローどうしは，同種の電気で反発し合う。

・ストローと紙ぶくろは，異種の電気で引き合う。

■ 静電気が生じる理由

・電気には＋と－の2種類があり，物体は＋と－の電気を同じ量だけもっている。

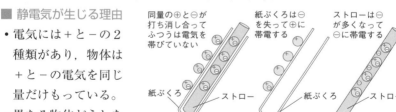

同量の⊕と⊖が打ち消し合ってふつうは電気を帯びていない

紙ぶくろは⊖を失って⊕に帯電する

ストローは⊖が多くなって⊖に帯電する

・異なる物体どうしをこすり合わせると，一方の物体の－の電気が他方の物体に移動する。

・－の電気が多くなった物体を「－に帯電した」，－の電気が少なくなった物体を「＋に帯電した」という。－の電気の移動によって静電気は生じる。

■ 放電

要点:

● **放電** たまっていた静電気が，空間をへだてて一瞬で流れる現象。

---

2 電流の正体

教 p.242〜p.245

■ 真空放電／陰極線

要点:

● **真空放電** 気体の圧力を小さくした空間に電流が流れる現象。
● **陰極線** 真空放電管に蛍光板の入ったものを使うと，電流の道筋
に沿って蛍光板が光る。このときの，蛍光板を光らせるものの流れ
を陰極線という。真空放電では，−極から−の電気を帯びた陰極線
が出ている。

図解でチェック！

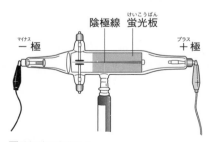

ⓐ陰極線は直進する。

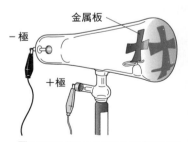

ⓑ金属板を使うと＋極側にかげができる。

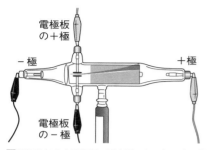

電極板
の＋極

－極   ＋極

電極板
の－極

陰極線の性質

[a] ⇨ 陰極線は一直線に進む。

[b] ⇨ 陰極線は－極から出ている。

[c] ⇨ 陰極線は，－の電気を帯びたものの流れである。

[c]電圧を加えた電極板の間を通ると＋極の方に曲る。

■ 電子／電流の正体

● **電子** －の電気を帯びた小さな粒子。
● 電流は，－極から＋極へ移動する－の電気を帯びた電子の流れである。

・・・・・・・・・・・ 図解でチェック！ ・・・・・・・・・・・

〈導線の中のようす〉 電池につなぐと，電子が移動する。

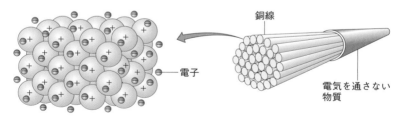

銅線

電子

電気を通さない
物質

・ 金属中の電子の流れが，電流の正体である。

〈導線中の電子の移動と電流〉

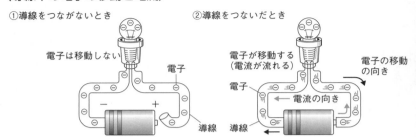

① 導線をつながないとき

電子は移動しない

電子

－ ＋

導線

② 導線をつないだとき

電子が移動する
（電流が流れる）

電子の移動
の向き

電子

← 電流の向き

導線 導線

- 電流は －（マイナス）の電気を帯びた電子の流れである。

 電子の流れる向きと，電流の向きは逆である。

3 放射線の性質と利用

教 p.246～p.248

要点

- **放射線** α線，β線，γ線，X線などがある。
  （ほうしゃせん）（アルファせん）（ベータせん）（ガンマせん）（エックスせん）
- **放射性物質** 放射線を出す物質。
  （ほうしゃせいぶっしつ）
- **放射能** 放射性物質が放射線を出す性質（能力）。
  （ほうしゃのう）

■ 放射線の種類

- 放射性物質には，ウランなど地下にある物，放射性カリウムのように植物や動物の中にある物，ラドンのように空気中にある物がある。
- 人間が人工的につくり出す人工放射線もある。

■ 放射線の性質とその利用

- 放射線には物質を通りぬける性質（透過性）や物質を変質させる性質があり，農業や医療，工業など，さまざまに利用されている。
  ⇨ レントゲン検査，CT，PET（陽電子放射断層撮影），ジャガイモの発芽阻止，農作物の品種改良などへの利用。

<u>発展 | 中3</u>　原子核の壊変によって放出される放射線

- 放射線とは，物質を構成する原子核から放出される高速の粒子の流れや，X線やγ線などの電磁波の総称をいう。
- 高速の粒子がヘリウムの原子核ならα線，電子ならβ線とよばれる。
- 放射性物質の原子核は不安定なため，別の原子核に自然に変わっていくことがあり，これを原子核の壊変（崩壊）といい，このときに放射線が出る。

一問一答 check!

□異なる物体をこすり合わせたときに，それぞれの物体が帯びる電気を何というか。	静電気
□＋の電気を帯びた物体と，－の電気を帯びた物体の間には，どのような力がはたらくか。	引き合う力
□ストローを紙ぶくろでこすったら，ストローは－の電気を帯びた。このとき紙ぶくろが帯びた電気は＋と－のどちらか。	＋
□たまっていた電気が，空間をへだてて一瞬で流れる現象を何というか。	放電
□気体の圧力を小さくした空間に電流が流れる現象を何というか。	真空放電

□真空放電管での放電の際に，－極（マイナス）から出て蛍光板（けいこうばん）を 　①陰極線（いんきょくせん）
　光らせているものを（ ① ）とよぶ。 　②電子の流れ
　また，その正体は（ ② ）である。

□電流は，－極から＋極（プラス）へ移動する（　　）の流れである。 　電子

□導線を電池につなぐと，電子は（　　）する。 　移動

□電流の向きと電子の移動する向きは同じか，反対向きか。 　反対向き

□X線やγ線などをまとめて何というか。 　放射線

□放射線を出す物質を何というか。 　放射性物質

□放射性物質が放射線を出す性質を何というか。（発展内 　放射能
　容）

□不安定な原子核から壊変（かいへん）によって出るヘリウムの原子 　α（アルファ）線
　核の流れは何か。（発展内容）

□放射線の透過性（とうかせい）を利用した，医療（いりょう）機関などのレントゲ 　X（エックス）線
　ン検査でよく使用されているものは何か。

1〔静電気と放電〕　静電気の性質について，次の文の（　）の中に適当な語句を
　書きなさい。

　（1）異なる物体どうしをこすり合わせると，物体の表面近くの（ ① ）が一方
　　　に移動し，＋や－の電気を帯びた状態となる。これを，＋や－に（ ② ）
　　　するという。　　　　　　　　①（　電　　子　）　②（　帯　　電　）

　（2）同種の電気は（ ③ ），異種の電気は（ ④ ）。

　　　　　　　　　　　　　　　③（　反発し合い　）　④（　引き合う　）

　（3）たまっていた静電気が，空間をへだてて一瞬で流れる現象を（ ⑤ ）という。

　　　　　　　　　　　　　　　　　　　　　　　　　⑤（　放　　電　）

2〔静電気と放電〕 紙袋入りのストローを袋から取り出し，2つに切って一方を棒の先に糸を使ってつるした。

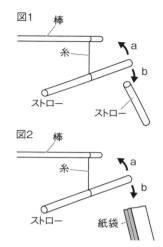

図1　棒　糸　ストロー　ストロー　a　b

(1) 図1のようにもう一方のストローをストローの端に近づけるとストローはa・bのどちらに回転するか。　（　a　）

(2) (1)のようになった理由を簡単に説明せよ。

（ストローに同じ電気が帯電していたから）

(3) 図2のように紙袋をストローの端に近づけるとストローはa・bのどちらに回転するか。　（　b　）

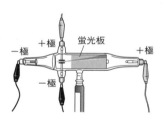

図2　棒　糸　ストロー　a　b　紙袋

3〔陰極線〕 右の図を見て，次の文の（　）の中に適当な語句を書きなさい。

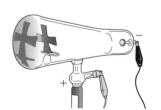

－極　＋極　蛍光板　＋極　－極

(1) 上下の電極板を電源につなぐと，陰極線は，電極板の（①）の方へ曲げられることから，陰極線は（②）をもっていることがわかる。

①（　＋極　）　②（　－の電気　）

(2) ＋極に十字形の金属板の影がはっきり見えることから，（③）は（④）することがわかる。

③（　陰極線　）

④（　－極から＋極に向かって直進　）

－　＋

117

4 〔電流の正体〕 電流の正体について，次の文の（ ）の中に適当な語句を書きなさい。

(1) 電流は，（ ① ）の流れであり，電池の（ ② ）から出て（ ③ ）の方へ移動している。

①（ 電　子 ）②（ －　極 ）③（ ＋　極 ）

(2) 電流の流れる向きと，電子が流れる向きは（ ④ ）である。

④（ 逆　向　き ）

5 〔放射線の性質と利用〕 放射線には，α線，β線，γ線，X線などがある。これらの放射線には物質を通り抜ける性質があるが，それは放射線の種類によって異なる。次のA・B・Cに入る放射線の種類を答えなさい。

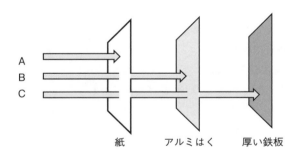

A（ α線 ）

B（ β線 ）

C（ γ線，X線 ）

第2章

電流の性質

1 電気の利用

教 p.250〜p.253

要点

- **回路** 電流が流れる道筋。回路は，①電源②導線③負荷という3つの共通する部分からなり立っている。
- **電気のはたらき** 回路をつくると，電気のはたらきで，光や音，熱などを得ることができる。
- **直列回路** 1本の道筋でつながっている回路。
- **並列回路** 枝分かれした道筋でつながっている回路。
- **回路図** 回路を電気用図記号を用いて表したもの。

■ 豆電球2個の回路

乾電池1個と豆電球2個の回路

枝分かれせず1本の道筋でつながっている

電流の向き　直列回路

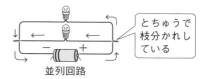

とちゅうで枝分かれしている

並列回路

■ 回路図

電気用図記号

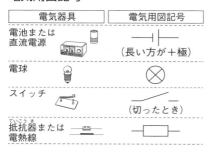

電気器具	電気用図記号
電池または直流電源	（長い方が＋極）
電球	⊗
スイッチ	（切ったとき）
抵抗器または電熱線	

電気器具	電気用図記号
電流計	Ⓐ
電圧計	Ⓥ
導線の交わり（接続するとき）	
導線の交わり（接続しないとき）	

電流計の使い方

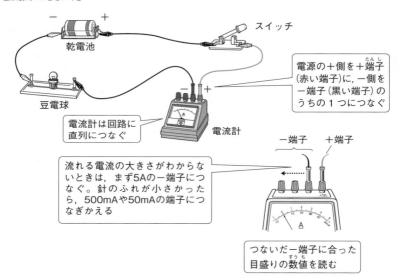

電源の+側を+端子（赤い端子）に, 一側を－端子（黒い端子）のうちの1つにつなぐ

電流計は回路に直列につなぐ

スイッチ

乾電池

豆電球

電流計

流れる電流の大きさがわからないときは, まず5Aの－端子につなぐ。針のふれが小さかったら, 500mAや50mAの端子につなぎかえる

つないだ－端子に合った目盛りの数値を読む

目盛りの読み方

• －端子の値は, 針が目盛りいっぱいにふれたときの値である。例えば, 50mAの－端子につないだときは, 最大の目盛りを50mAとして読む。

注 意　電流計に大きな電流が流れてこわれることがあるので, 電流計を直接電源につないだり, 回路に並列につないだりしてはいけない。

2 回路に流れる電流

教 p.254～p.257

要点

● 電流の単位　アンペア [A], ミリアンペア [mA]
　　　　　 1 mA = 0.001A　　1 A = 1000mA

実験2

- 直列回路と並列回路を流れる電流の，それぞれの測定点（A～G）での電流の大きさについて調べた。
  ▶電流を表す文字として，I が用いられる。
  例 A点を流れる電流の大きさを I_A とする。

結　論

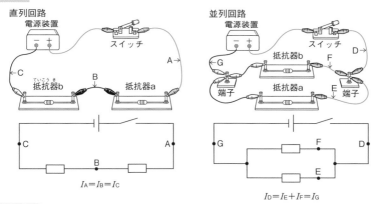

直列回路
電源装置
スイッチ
A→
←C
ていこう き
抵抗器b
B
抵抗器a

$I_A = I_B = I_C$

並列回路
電源装置
スイッチ
D→
←G
抵抗器b
F
端子
抵抗器a
E
端子

$I_D = I_E + I_F = I_G$

最重要

- 直列回路では，（A～C）点の電流の大きさはどこでも同じである。
- 並列回路では，枝分かれする前（D点）の電流の大きさは，枝分かれした後（E，F点）の電流の大きさの和に等しい。また，再び合流した後（G点）の電流の大きさに等しい。

電流と川の流れのモデル

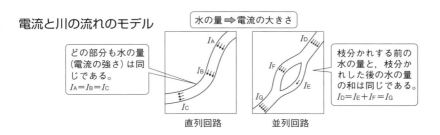

水の量 ⇒ 電流の大きさ

どの部分も水の量（電流の強さ）は同じである。
$I_A = I_B = I_C$

枝分かれする前の水の量と，枝分かれした後の水の量の和は同じである。
$I_D = I_E + I_F = I_G$

直列回路　　並列回路

要点

- **電圧** 回路に電流を流そうとするはたらき。電圧の大きさの単位には，**ボルト〔V〕**が使われる。
- **電圧計** 電圧の大きさをはかる装置。

電圧計の使い方

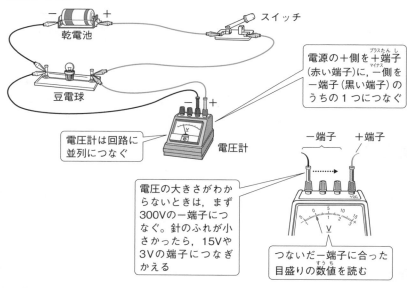

スイッチ

乾電池

豆電球

電源の＋側を＋端子（赤い端子）に，−側を−端子（黒い端子）のうちの1つにつなぐ

電圧計は回路に並列につなぐ

電圧計

電圧の大きさがわからないときは，まず300Vの−端子につなぐ。針のふれが小さかったら，15Vや3Vの端子につなぎかえる

−端子　＋端子

つないだ−端子に合った目盛りの数値を読む

目盛りの読み方

- つないだ−端子の値は，針が目盛りいっぱいにふれたときの値である。

　例えば，3Vの−端子につないだ場合は，最大の目盛りを3Vとして読む。

注意 電圧計を回路に直列につなぐと，回路に電流がほとんど流れなくなってしまう。

実験3

- 直列回路と並列回路に加わる電圧について，それぞれの測定点での電圧がどうなっているか調べた。

▶電圧を表す文字として，Vが用いられる。

例 抵抗器aの両端に加わる電圧をV_aとする。

結　論

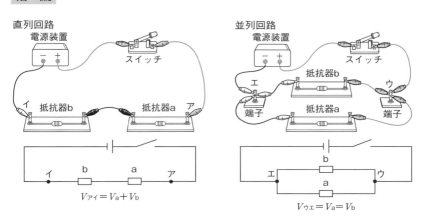

直列回路

電源装置

スイッチ

イ　抵抗器b　　抵抗器a　ア

$V_{アイ} = V_a + V_b$

並列回路

電源装置

スイッチ

エ　抵抗器b　　ウ

端子　　　　端子

抵抗器a

$V_{ウエ} = V_a = V_b$

最重要 ・直列回路では，各部分の電圧の和が，全体の電圧と等しい。
・並列回路では，各部分の電圧と全体の電圧が等しい。

電圧と水の落下のモデル

水の落ちる高さ ➡ 電圧の大きさ

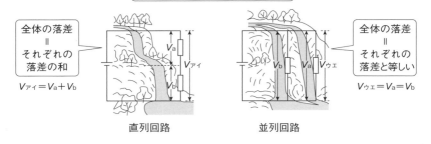

全体の落差
＝
それぞれの
落差の和

$V_{アイ} = V_a + V_b$

直列回路

全体の落差
＝
それぞれの
落差と等しい

$V_{ウエ} = V_a = V_b$

並列回路

□電気の流れを何というか。 電流

□電流が流れる道筋を何というか。 回路

□電流は電源の何極から流れ出るか。 ＋極

□１本の道筋でつながっている回路を何というか。 直列回路

□枝分かれした道筋でつながっている回路を何というか。 並列回路

□電気用図記号で ──┤├── は電源を表すが，長い方は
　＋極，－極のどちらか。 ＋極

□電気用図記号で ──□── は何か。 抵抗器（電熱線）

□電気用図記号で Ⓐ は何か。 電流計

□電気用図記号を使って，回路を表した図を何というか。 回路図

□電流の大きさを表す単位は何か。 A，mA

□１Aは何mAか。 1000mA

□電流の大きさは，何ではかるか。 電流計

□電流の大きさをはかるとき，電流計は回路に対してど
　のようにつなぐか。 直列につなぐ

□はかろうとする電流の大きさがはっきりわからないと
　き，電流計の－端子は，500mA，５Aのどちらにつな
　げばよいか。 ５A

□回路に電流を流そうとするはたらきを何というか。 電圧

□電圧の大きさを表す単位は何か。 V

□電圧の大きさは，何ではかるか。 電圧計

□電圧計は，はかろうとする部分の回路に対してどのよ
　うにつなぐか。 並列につなぐ

□はかろうとする電圧の大きさがはっきりわからないと
　き，電圧計の－端子は，300V，３Vのどちらにつなげ
　ばよいか。 300V

1〔豆電球2個の回路〕　右の図は，電池とスイッチ，
電球でつくった回路である。

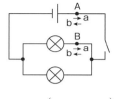

（1）このような回路を何というか。

（　並 列 回 路　）

（2）スイッチを入れると，A点では電流はa，b
のどちらの向きに流れるか。

（　　a　　）

（3）スイッチを入れると，B点では電流はa，bのどちらの向きに流れるか。

（　　b　　）

2〔回路図〕　次の電気用図記号は，何を表したものか。

（1）

（　　電池　　）
（直流電源）

（2）

⊗
（　電　　球　）

（3）

（　ス イ ッ チ　）

（4）

Ⓥ
（　電 圧 計　）

3〔回路に流れる電流〕　図1のような回路をつ
くり，流れる電流の大きさをはかった。

図1

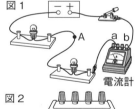

電流計

（1）電流計の－端子は，a，bのどちらか。

（　　a　　）

（2）電流計の針は図2のようになった。回路
を流れる電流は何mAか。ただし，－端
子は500mA端子につないである。

図2

（　100mA　）

（3）回路のA点に電流計をつなぐと，何mA
を示すか。

（　100mA　）

4〔回路に流れる電流〕 次の図の回路で，A～Dの各点に流れる電流の大きさ
は何Aか。

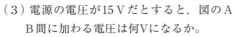

A（　0.3 A　）
B（　0.3 A　）
C（　0.3 A　）
D（　0.5 A　）

5〔回路に加わる電圧〕 図1のような回路をつ
くり，電球の 両端の電圧の大きさをはかった。
（1）電圧計の ＋端子は，a，bのどちらか。

（　　b　　）

（2）電圧計の針は図2のようになった。下
の電球の両端に加わる電圧は何Vか。た
だし，－端子は15V端子につないである。

（　10 V　）

（3）電源の電圧が15Vだとすると，図のA
B間に加わる電圧は何Vになるか。

（　5 V　）

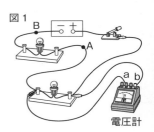

図1

図2

6〔回路に加わる電圧〕

次の図の回路で，A～Dの各部分に加わる電圧の大きさは何Vか。

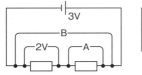

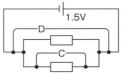

A（　1 V　）
B（　3 V　）
C（　1.5 V　）
D（　1.5 V　）

定期テストの準備はこれでだいじょう
ぶだね。

126

要点

● 電圧の大きさと電流の大きさを表すグラフは，原点を通る直線になる。
  → 電流の大きさは電圧の大きさに比例する。

実験4 下の図のように，電熱線の両端に加わる電圧と，流れる電流を同時に調べることのできる回路をつくった。

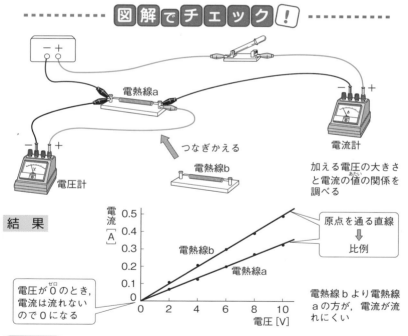

図解でチェック！

電熱線a

つなぎかえる

電熱線b

電流計

電圧計

加える電圧の大きさと電流の値の関係を調べる

結果

電流[A]

0.5
0.4
0.3
0.2
0.1
0

電熱線b

電熱線a

0 2 4 6 8 10
電圧[V]

原点を通る直線
↓
比例

電圧が0のとき，電流は流れないので0になる

電熱線bより電熱線aの方が，電流が流れにくい

最重要 電流の大きさは電圧の大きさに比例する。 ⇨ オームの法則

127

■ 抵抗

●**抵抗 (電気抵抗)**　電流の流れにくさ　　単位　**オーム [Ω]**

▶抵抗を表す文字として，R が用いられる。

　例電熱線 a の抵抗の大きさを R_a とする。

●**オームの法則**

・**電圧 [V] ＝抵抗 [Ω] ×電流 [A]**（$V = R \times I$）

・**電流 [A] ＝$\dfrac{電圧 [V]}{抵抗 [Ω]}$**（$I = \dfrac{V}{R}$）　・**抵抗 [Ω] ＝$\dfrac{電圧 [V]}{電流 [A]}$**（$R = \dfrac{V}{I}$）

・電圧 1 V で，電流 1 A のとき，抵抗 1 Ω である。

■ 直列回路の抵抗

▶各部分の電流の大きさは，どこでも同じである。

▶全体の電圧は，各部分の電圧の和に等しい。

▶全体の抵抗の 値 は，各部分の抵抗の和に等しくなる。

■ 並列回路の抵抗

▶枝分かれする前の電流の大きさは，枝分かれした後の電流の大きさの
　和に等しい。

▶各部分の電圧の大きさは，全体の電圧と等しい。

▶全体の抵抗は，各部分の抵抗の値より小さくなる。

最重要　　直列回路　$R = R_1 + R_2$

　　　　　　並列回路　$R < R_1,\ R < R_2,\ \dfrac{1}{R} = \dfrac{1}{R_1} + \dfrac{1}{R_2}$

■ 導体と不導体

●**導体**　電気を通しやすい物質 (金属など)。

●**不導体 (絶縁体)**　電気をほとんど通さない物質 (ガラス，ゴムなど)。

■ 電力

●**電気エネルギー** 電気のもつエネルギー。電気のはたらきで，熱や光，音などを出したり，物体を動かしたりする能力。
●**電力（消費電力）** 1秒間あたりに使われる電気エネルギーの大きさ。
●電力の単位 **ワット[W]** が使われ，次の式で表される。
　⇨ **電力[W]＝電圧[V]×電流[A]**

実験5 電力と電流を流す時間が変わると，電熱線の発熱量はどのように変化するか調べた。

結論 電力が大きいほど，電流を流す時間が長いほど，発熱量が大きい。

■ 熱量

●**熱量** 電流を流すときに発生する熱の量。
●熱量の単位 **ジュール[J]**，**カロリー[cal]** が使われ，次の式で表される。　⇨ **熱量[J]＝電力[W]×時間[s]** 1[cal]≒4.2[J]

■ 電力量

●**電力量** 一定時間電流が流れたときに消費される電気エネルギーの総量。
●電力量の単位 **ジュール[J]**。実用的には，**ワット時[Wh]**，**キロワット時[kWh]** が使われ，次の式で表される。
　⇨ **電力量[J]＝電力[W]×時間[s]**

□電流の大きさと電圧の大きさの間には，どんな関係があるか。 | 比例

□上のような電流と電圧の関係を何の法則というか。 | オームの法則

□電流の流れにくさを何というか。 | (電気)抵抗

□回路に１Ｖの電圧を加えたとき，１Ａの電流が流れる抵抗の大きさは何Ωか。 | １Ω

□１kΩは何Ωか。 | 1000Ω

□次の①〜③に当てはまる式を書け。

電圧を V [V]，電流を I [A]，抵抗を R [Ω]とすると，

電圧の大きさを求める式は，$V=①($　　　　$)$ | $①R×I$

電流の大きさを求める式は，$I=②($　　　　$)$ | $②\dfrac{V}{R}$

抵抗の大きさを求める式は，$R=③($　　　　$)$ | $③\dfrac{V}{I}$

□抵抗の大きさは変えないとき，電流と電圧の関係を表すグラフは次のア〜ウのどれか。 | ウ

□右の図１のように，抵抗をつないだ回路で，抵抗R_1，R_2に流れる電流は等しいか，等しくないか。 | 等しい

図１

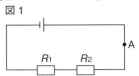

□図１で，電源の電圧は，抵抗R_1，R_2にかかる電圧の何に等しいか。 | 和

□図１でA点を流れる電流が1.5A，$R_1=20$Ω，$R_2=30$Ωのとき，電源の電圧は何Vか。 | 75V

□図１で回路全体の抵抗の値を求めよ。 | 50Ω

□図1で回路全体の抵抗Rと，抵抗R_1，R_2の関係を式で書け。 $R = R_1 + R_2$

□右の図2のように抵抗をつないだ回路で，抵抗R_3，R_4に加わる電圧は等しいか，あるいはどちらが大きいか。 等しい

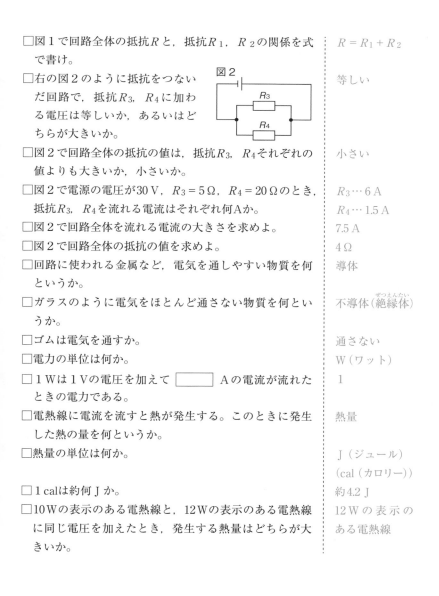

図2

□図2で回路全体の抵抗の値は，抵抗R_3，R_4それぞれの値よりも大きいか，小さいか。 小さい

□図2で電源の電圧が30V，$R_3 = 5\,Ω$，$R_4 = 20\,Ω$のとき，抵抗R_3，R_4を流れる電流はそれぞれ何Aか。 R_3…6 A
R_4…1.5 A

□図2で回路全体を流れる電流の大きさを求めよ。 7.5 A

□図2で回路全体の抵抗の値を求めよ。 4 Ω

□回路に使われる金属など，電気を通しやすい物質を何というか。 導体

□ガラスのように電気をほとんど通さない物質を何というか。 不導体(絶縁体)

□ゴムは電気を通すか。 通さない

□電力の単位は何か。 W（ワット）

□1Wは1Vの電圧を加えて［　　　　］Aの電流が流れたときの電力である。 1

□電熱線に電流を流すと熱が発生する。このときに発生した熱の量を何というか。 熱量

□熱量の単位は何か。 J（ジュール）
(cal（カロリー）)

□1 calは約何Jか。 約4.2 J

□10Wの表示のある電熱線と，12Wの表示のある電熱線に同じ電圧を加えたとき，発生する熱量はどちらが大きいか。 12Wの表示のある電熱線

1 〔抵抗〕 2種類の抵抗 a, b の両端にいろ
いろな大きさの電圧を加えて, 流れる電流の
大きさをはかったら, 右のグラフのようになっ
た。

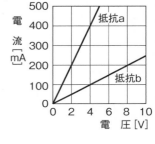

(1) 1本の抵抗に加わる電圧とそこを流れ
る電流の間には, どんな関係があるか。
(比 例)

(2) 抵抗 a に 4 V の電圧を加えると, 流れる
電流の大きさは何Aか。 (0.4 A)

(3) 抵抗 a, b に同じ大きさの電圧を加えると, 抵抗 b には抵抗 a の何倍の
電流が流れるか。 (0.25倍)

(4) 抵抗 a, b の大きさをそれぞれ求めよ。

抵抗 a (10 Ω) 抵抗 b (40 Ω)

2 〔直列回路の抵抗〕 6 Ω の抵抗と, 抵
抗の大きさのわからない抵抗 R を使って,
右の図のような回路をつくり, スイッチ
を入れたところ, 電流計は0.5 A, 電圧計
は 2 V を示した。

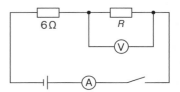

(1) 6 Ω の抵抗を流れる電流の大きさは
何Aか。 (0.5 A)

(2) 抵抗 R の大きさは何Ωか。 (4 Ω)

(3) 6 Ω の抵抗に加わる電圧の大きさは何Vか。 (3 V)

(4) 電源の電圧の大きさは何Vか。 (5 V)

(5) 回路全体の抵抗は何Ωか。 (10 Ω)

(6) 電源の電圧を12Vに変えると, 電圧計は何Vを示すか。 (4.8 V)

3 〔並列回路の抵抗〕 2Ωと8Ωの抵抗を
並列につないだ回路をつくり，電圧を加
えると，Ⓐ₁の電流計は2.0Aを示した。

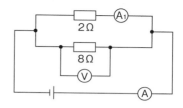

（1）2Ωの抵抗に加わる電圧は何Vか。

（ 4 V ）

（2）電圧計は何Vを示すか。

（ 4 V ）

（3）8Ωの抵抗に流れる電流は何Aか。 （ 0.5 A ）

（4）電流計Ⓐは何Aを示すか。 （ 2.5 A ）

（5）この回路全体の抵抗は何Ωか。 （ 1.6 Ω ）

4 〔電力〕 右の図のように，100V-20Wの表
示のある電球Aと100V-40Wの表示のある
電球Bを並列につないで回路をつくった。

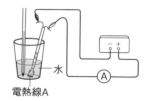

（1）電源装置の電圧を100Vにしたとき，A，
B の消費電力はそれぞれ何Wになるか。 A（ 20W ）B（ 40W ）

（2）電源装置の電圧を100Vにしたとき，明るくつくのはA，Bのどちらの
電球か。 （ B ）

5 〔熱量〕 右の図のように，ビーカーに水を入
れ，6V-1Wの表示のある電熱線Aに6V
の電圧を加えた。

（1）電圧を10秒間加えたとき，発生する熱量
は何Jか。 （ 10 J ）

（2）電圧を42秒間加えたとき，発生する熱量は何Jか。
また，それは約何calか。 （ 42 J，約10cal ）

（3）電圧を3分間加えた後，電熱線Aを4V-2Wの表示のある電熱線Bに
かえて，4Vの電圧を3分間加えた。水の温度の上昇はAとBのどち
らが大きかったか。 （ B ）

133

単元4 電気の世界

第3章 電流と磁界

1 電流がつくる磁界

 教 p.274〜p.277

要点

- ●**磁力** 磁石のもつ力。
- ●**磁界（磁場）** 磁力がはたらく空間。
- ●**磁界の向き** 磁界の中に磁針を置いたとき，磁針のN極が指す向き。
- ●**磁力線** 磁界の向きを表す線（磁針のN極が指す向きをなめらかにつないだ，磁界のようすを表した線）。

磁石のまわりの磁力線

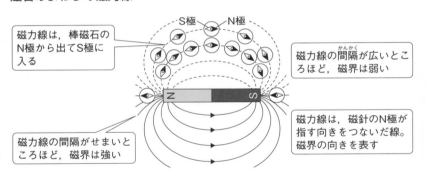

磁力線は，棒磁石のN極から出てS極に入る

磁力線の間隔が広いところほど，磁界は弱い

磁力線の間隔がせまいところほど，磁界は強い

磁力線は，磁針のN極が指す向きをつないだ線。磁界の向きを表す

■ コイルのまわりの磁界

実験6

コイルに電流を流して，そのまわりにできる磁界の向きを調べた。

134

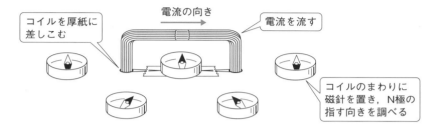

コイルを厚紙に差しこむ

電流の向き

電流を流す

コイルのまわりに磁針を置き，N極の指す向きを調べる

コイルがつくる磁界

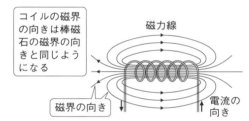

コイルの磁界の向きは棒磁石の磁界の向きと同じようになる

磁力線

磁界の向き

電流の向き

電流のまわりの磁界

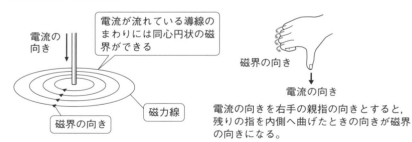

電流の向き

電流が流れている導線のまわりには同心円状の磁界ができる

磁力線

磁界の向き

磁界の向き

電流の向き

電流の向きを右手の親指の向きとすると，残りの指を内側へ曲げたときの向きが磁界の向きになる。

結 論

• コイルの内側と外側で，逆向きの磁界ができる。

• 導線を流れる電流のまわりには，同心円状の磁界ができる。

• 導線に近いほど磁界は強い。

② モーターのしくみ

教 p.278〜p.281

> **要点**
>
> ●磁界の中のコイルや導線に電流を流すと，コイルや導線は磁界から
> の力を受けて動き出す。

実験7 磁界の中で電流を流したコイルのようすを調べる。

········· 図解でチェック❗ ·········

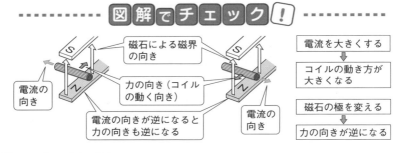

電流を大きくする
⬇
コイルの動き方が大きくなる

磁石の極を変える
⬇
力の向きが逆になる

■ モーターのしくみ

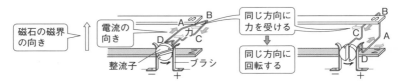

同じ方向に力を受ける
⬇
同じ方向に回転する

発展｜高校 **電流が磁界から受ける力の向き**

フレミングの左手の法則
電流・磁界・力の向きの関係は，
90°ずつ開いた左手の指で示すことができる。

3 発電機のしくみ

教 p.282〜p.285

要点

- **電磁誘導** コイルの中の磁界が変化すると，コイルに電流を流そうとする電圧が生じる現象。
- **誘導電流** 電磁誘導によってコイルに流れる電流。
- **発電機** 電磁誘導を利用して電流が得られるようにしたもの。

実験8 コイルに棒磁石を出し入れして，発生した電流について調べた。

棒磁石
コイル
検流計へ

⑦入れる。 ⑦入れたまま。 ⑦とり出す。

・動かす速さや磁石の極を変えたり，コイルの巻数を増やしたりして調べる。

■ 電磁誘導

結 果

実験の条件	検流計の反応
N極を近づけたとき	＋の向き
N極を遠ざけたとき	−の向き
S極を近づけたとき	−の向き
S極を遠ざけたとき	＋の向き
磁石を速く動かしたとき	電流が大きくなる。

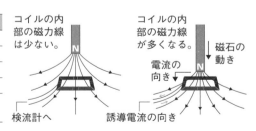

コイルの内部の磁力線は少ない。

検流計へ

コイルの内部の磁力線が多くなる。

磁石の動き
電流の向き
誘導電流の向き

▶磁石を入れるときと，出すとき，また，極を変えても誘導電流の向きは変わる。

▶磁石を速く動かしたり，コイルの巻数を増やしたりしたときには，誘導電流が大きくなる。

137

4 直流と交流

教 p.286〜p.289

■ 直流と交流

要点

- **直流** 一定の向きに流れる電流。（乾電池や直流電源の電流）
- **交流** 向きが周期的に変化している電流。（家庭のコンセントの電流）
- **周波数** 1秒あたりの波のくり返しの数。単位は**ヘルツ [Hz]**。交流の周波数は東日本では50Hz，西日本では60Hzである。

オシロスコープは電圧の時間変化を示す器具であるが，これで電源の電圧を調べると，乾電池（直流）の電流では電圧が変わらないが，コンセント（交流）の電流では電圧の大きさが変化する。

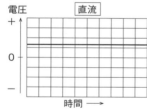

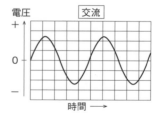

■ 交流の送電

要点

- **交流の利点** 変圧器を用いて電圧を簡単に変えられる。家庭のコンセントの交流は，電柱の上にある変圧器で，変電所から送られてきた6600 Vの電圧を100 Vまたは200 Vの電圧に変えたものである。

□磁石のもつ力を何というか。　　　　　　　　　　　　　　　磁力

□磁力がはたらく空間を何というか。　　　　　　　　　　　　磁界（磁場）

□磁界の中に磁針を置いたとき，磁針のN極が指す方向　　　　磁界の向き
　を何というか。

□磁界のようすを表した線を何というか。　　　　　　　　　　磁力線

□直線状にした1本の導線に電流を流すと，導線のまわ　　　　同心円状の磁界
　りにどのような磁界が発生するか。

□磁界の中で電流が受ける力の向きは，磁界の向きと何　　　　電流の向き
　の向きで決まるか。

□図1の導線のまわりにできる磁界　　　　　　　　　　　　　b
　は，a，bのどちら向きか。

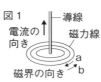

□電流の向きを逆にすると，磁界の向きはどうなるか。　　　　逆になる

□図2のような磁界ができる　　　　　　　　　　　　　　　　c
　のは，電流の向きがc，d
　どちらの場合か。

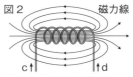

□コイルの中の磁界を変化させたとき，電圧が生じるこ　　　　電磁誘導
　とを何というか。

□電磁誘導を利用して電気エネルギーを得る装置を何と　　　　発電機
　いうか。

□コイルの中の磁界を変化させたときに流れる電流を何　　　　誘導電流
　というか。

□一定の向きに流れる電流を何というか。　　　　　　　　　　直流

□向きが周期的に変化している電流を何というか。　　　　　　交流

1〔電流がつくる磁界〕

図1 　　図2 　　図3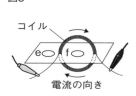

上の図のように，棒磁石，電流の流れる導線，コイルのまわりに方位磁針a〜fを置いた。

（1）aとbではどちらの方が磁界が強いか。　　　　　　　　（　a　）

（2）a〜fの方位磁針は，ア〜エのどの向きになるか。

ア 　　イ 　　ウ 　　エ

a（　ア　）　b（　イ　）　c（　イ　）
d（　ア　）　e（　イ　）　f（　ア　）

2〔電流が磁界から受ける力の向き〕
右の図は，U字形磁石とコイルを使った装置である。

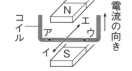

（1）コイルはア〜エのどの方向に動くか。（発展内容）　　　　　　　　（　エ　）

（2）電流の向きを逆にすると，コイルはア〜エのどの方向に動くか。　　　　　　　　（　イ　）

3 〔モーターのしくみ〕 右の図のように，磁石の間に
導線ＡＢＣＤを置き，電流を図の向きに流した。(発
展内容)

(1) 導線ＡＢが受ける力の向きは，ア～エのうちど
れか。　　　　　　　　　　　　　　　　（　エ　）
(2) 導線ＣＤが受ける力の向きは，オ～クのうちど
れか。　　　　　　　　　　　　　　　　（　カ　）
(3) 導線ＡＢＣＤが回転する向きは，図の正面から
見て時計まわり，反時計まわりのどちらか。

（　反時計まわり　）

4 〔電磁誘導〕 右の図のように，磁石をコイ
ルに近づけると，コイルに電流が流れた。

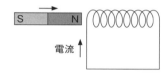

(1) このような現象を何というか。

（　電磁誘導　）

(2) この現象は，コイルの内部の何が変化
することによって起こるか。　　　　　　　　（　磁界（磁場）　）
(3) 磁石の動きを速くすると，流れる電流の大きさはどうなるか。

（　大きくなる　）

(4) コイルの巻数を少なくすると，流れる電流の大きさはどうなるか。

（　小さくなる　）

5 〔直流と交流〕 右の図は，
直流と交流をオシロスコー
プで見たようすである。

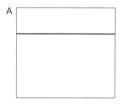
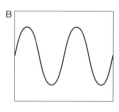

(1) 直流，交流はそれぞれ
図のどちらか。

直流（　Ａ　）
交流（　Ｂ　）

(2) 1秒間に50回波のくり返しがある交流の周波数はいくらか。

（　50Hz　）

□静電気	異なる物体をこすり合わせると，一方の物体の －（マイナス）の電気がもう一方の物体に移動して，それぞれの物体は静電気を帯びる。
□帯電	物体が電気を帯びること。
□放電	たまっていた静電気が，空間をへだてて一瞬で流れる現象。
□真空放電	気体の圧力を小さくした空間に電流が流れる現象。
□陰極線（いんきょくせん）	陰極線の正体は電子の流れである。真空放電では，－極から－の電気をもつ陰極線が出て，蛍光板（けいこうばん）を光らせる。
□電子	－の電気を帯びた小さな粒子（りゅうし）。
□電流	電子の流れ。
□放射線	α線，β線，γ（ガンマ）線，X（エックス）線など。ウランなどの核燃料（かく）から発生する。人工的なものだけでなく，自然界にも存在する。透過性（とうかせい）があり，医療（いりょう）などに利用されるが，大量に浴びると悪影響（えいきょう）を受ける。
□放射性物質	放射線を出す物質。
□放射能	放射線を出す性質（能力）。
□ α（アルファ）線（発展内容）	不安定な原子核から出るヘリウム原子核の流れ。
□ β（ベータ）線（発展内容）	不安定な原子核から出る高速で運動する電子の流れ。
□回路	電流の流れる道筋。
□回路図	電気用図記号で回路を表したもの。
□直列回路	1本の道筋でつながっている回路。
□並列回路	枝分かれした道筋でつながっている回路。
□アンペア	電流の単位。記号はA。
□ミリアンペア	電流の単位。記号はmA　1 mA = 0.001 A
□電圧	回路に電流を流そうとするはたらき。
□ボルト	電圧の単位。記号はV。
□電流計	回路に直列につなぎ，流れる電流をはかる。

□電圧計	回路に並列につなぎ，加わる電圧をはかる。
□電気抵抗（抵抗）	電流の流れにくさ。
□オーム	抵抗の大きさの単位。記号はΩ
□キロオーム	抵抗の大きさの単位。記号はkΩ　1000Ω＝1kΩ
□オームの法則	抵抗R［Ω］の金属線の両端にV［V］の電圧を加えたとき，流れる電流をI［A］とすると，

- 電圧［V］＝抵抗［Ω］×電流［A］（$V = R \times I$）
- 電流［A］＝$\dfrac{電圧［V］}{抵抗［Ω］}$（$I = \dfrac{V}{R}$）
- 抵抗［Ω］＝$\dfrac{電圧［V］}{電流［A］}$（$R = \dfrac{V}{I}$）
- 電圧1Vで，電流1Aのとき，抵抗1Ωである。

□電流の向きと磁界の向きの関係	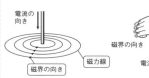 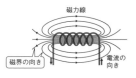
□フレミングの左手の法則（発展内容）	電流の向きと磁界の向きとの関係を表す法則。 
□直列回路全体の抵抗	全体の抵抗の値は，各部分の抵抗の和に等しくなる。 $R = R_1 + R_2$
□並列回路全体の抵抗	全体の抵抗は，各部分の抵抗の値より小さい。 $R < R_1$，$R < R_2$，$\dfrac{1}{R} = \dfrac{1}{R_1} + \dfrac{1}{R_2}$
□導体	抵抗が非常に小さく，電流を通しやすい物質。
□不導体（絶縁体）	抵抗が非常に大きく，電流をほとんど通さない物質。
□半導体	導体と不導体の中間の性質をもつ物質。
□電気エネルギー	電気のもつエネルギー。
□電力（消費電力）	1秒間あたりに使われる電気エネルギーの大きさ。

□電力の単位	ワット［W］が使われ，次の式で表される。
	・電力［W］＝電圧［V］×電流［A］
□熱量	電流を流すときに発生する熱の量。
□電熱線による 発熱	電力が大きくなると，発生する熱量も大きくなる。
□熱量の単位	ジュール［J］，カロリー［cal］
	1 J＝1 Wの電力を1秒間使用したときの熱量。
	1 cal＝約4.2 J
□電力量	一定時間電流が流れたときに消費される電気エネルギーの総量。
□電力量の単位	ジュール［J］が使われ，次の式で表される。
	・電力量［J］＝電力［W］×時間［s］
	ワット時［Wh］，キロワット時［kWh］も使われる。
	1［Wh］＝3600［J］，1［kWh］＝1000［Wh］
□磁力	磁石のもつ力。
□磁界（磁場）	磁力がはたらく空間。
□磁界の向き	磁界の中に磁針を置いたとき，磁針のN極が指す向き。
□磁力線	磁界のようすを表した線。
□電磁誘導	コイルの中の磁界が変化するとき，コイルに電流を流そうとする電圧が生じること。
□誘導電流	電磁誘導によって流れる電流。コイルの巻き数が多いほど大きく，磁界の変化が大きいほど大きい。
□発電機	電磁誘導を利用して電気エネルギーを得る装置。
□直流と交流	一定の向きに流れる電流を直流といい，向きが周期的に変化している電流を交流という。
	・乾電池の電流は直流　　・コンセントの電流は交流
□周波数	1秒あたりの波のくり返しの数。
□周波数の単位	ヘルツ［Hz］